부담 없이
떠나는
반나절
걷기 여행

# 잠깐
# 다녀오겠습니다

글과 사진 임운석

시공사

# 오늘을 특별하게 만들어주는 걷기 여행,
# 같이 할까요?

그동안 참 많은 길을 걸었습니다. 취미로 여행할 때나 직업적으로 여행할 때나 변함없이 말입니다. 여행을 직업이라 할 수 있을까 싶지만 여행을 통해 책을 출간하고 강연 등 경제 활동을 하니 여행을 직업이라 해도 괜찮겠습니다.

걷기가 건강을 지키는 것은 물론이고 재충전을 위한 새로운 패러다임으로 인식된 것은 그리 오래되지 않았습니다. 중세까지 걷기는 노동의 중요한 중심축이었습니다. 그러던 것이 산업혁명 이후 교통수단의 급속한 발달에 힘입어 걷기를 더 이상 노동의 연장선으로 보지 않게 되었습니다. 오히려 걷기는 몸과 마음의 건강을 지키는 방법으로 자리매김하고 있습니다.

오늘날 우리는 마이카 시대에 살고 있습니다. 먼 거리도 손쉽게 갈 수 있는 이동수단이 생긴 것입니다. 그러나 불행하게도 마이카 시대의 도래는 인간 근원의 동력, 즉 걷기를 점점 사그라지게 하는 신호탄이었습니다. 그래서 특별한 날에나 걷게 된 것입니다.

이 책에서 소개하는 걷기 여행은 일반적인 걷기와 구별됩니다.

장시간 먼 거리를 걷거나 여행을 떠나기 위해 특별히 뭔가를 준비하지도 않습니다. 걷는 길이 집 근처거나 여행지 숙소 근처일 수도 있으며 차를 타고 이동하다가 잠시 세워놓고 걸을 수도 있습니다. 물론 시간에 구애받지도 않습니다. 이른 아침, 잠들기 전, 혹은 모두가 잠든 시간이어도 좋습니다. 동행해도 좋고 혼자 걷기에도 좋은 길들로 엮었습니다.

책에 소개된 40여 곳을 걸으며 많은 생각을 했습니다. 걷기 여행이 일상처럼 손쉬워질 때 삶이 더 풍요로워질 거라는, 그러기 위해 목표보다 목적과 본질에 더 집중해야 한다는 생각입니다. 목표를 향한 걸음은 결과만 좇는 기이한 현상을 낳게 됩니다. 과거에 집착하거나 미래를 염려하는 것도 목표에 초점을 맞춘 까닭입니다.

흔히들 '오늘은 미래를 비추는 거울이다'라고 합니다. 숱한 길을 걸으며 오늘에 충실하지 못한 나 자신을 발견했습니다. 오늘에 충실하지 못한 결과 만족보다 불만족이, 완전함보다 불완전함이, 감격보다 격분이, 여유보다 조급함이, 감사함보다 당연함이 내 머릿속을 가득 채우고 있었습니다. 놀랍게도 길을 걷는 동안 삐뚤어져 있던 마음과 생각들이 제자리를 찾아갔습니다.

당장이라도 길을 나서보길 권합니다. 그리고 스스로에게 보다 본질적인 질문을 던져보길 바랍니다. "인생이란 내가 설정한 목표를 이루는 것일까?"라고. 이 질문을 수없이 반복하다보면 이런 생각이 들 것입니다. "뭐야. 그냥 걸으면 되는 거 아냐? 그렇게 진지할 필요가 있어?"라고. 그러나 지금까지 살아온 패턴이 목표 지향적이고 결과를 우선시했다면 혹은 오늘에 충실하지 못한 채 과거에 매여 있거나, 불안한 미래 탓에 마음이 무거웠다면 쉽게 간과해서는 안 될 질문입니다. 걷기 여행은 목표가 아닌 목적한 바를 향해서 걸어가는 긴 여정 속에서 나를 점검하는 시간임을 잊지 말아야 합니다.

'음악의 악성'이라 추앙받는 베토벤은 귓병으로 오랜 시간을 힘들게 보냈습니다. 그로 인해 지인들과의 관계도 소원해졌고 급기야 만남 자체를 두려워했다 합니다. 그런데 베토벤에게는 자연을 사랑하는 마음이 있었던 것으로 보입니다. 그는 숲에서 수많은 영감을 얻었습니다. 교향곡 6번 〈전원〉이 좋은 예입니다. 이 곡은 자연을 향한 베토벤의 따뜻한 애정이 담긴 명곡입니다. 〈호두까기 인형〉으로 유명한 차이코프스키 역시 하루에 2시간씩 걷는 것을 정례화 했으며, 러시아의 대표적 피아니스트이자 작곡가인 라흐마니노프, 〈헝가리 무곡〉으로 잘 알려진 브람스도 걷기를 즐겼던 음악가로 유명합니다.

걷기 여행은 일상에 매몰된 무기력한 삶에 에너지를 충전하는 전원 장치와 같습니다. 지금 여러분의 에너지는 100% 완충 상태입니까, 빨간불이 깜빡 깜빡거리는 방전 상태입니까, 아니면 방전된 것조차 모르고 있습니까. 만약 완충 상태가 아니라면 걸어보세요. 즉흥적이어도 좋고 혼자여도 상관없습니다. 걷기 여행은 나를 해방시키는 문이며, 자유선언의 장입니다. 만약 여러분이 묶인 것으로부터 해방된 진정한 자유인이라면 걷기 여행의 묘미를 알 것입니다. 이 책은 해방의 기쁨을 누리며 걸었던 독립선언문인 동시에 해방의 길로 안내하는 작은 가이드가 될 것입니다.

아내와 함께 걸으며 남긴 흔적들을 책으로 엮어준 편집자, 디자이너, 교정자에게 고마운 마음을 전합니다. 그리고 모든 순간에 함께하시고 역사하시는 임마누엘의 하나님께 감사합니다.

창밖으로 숲이 보이는 작업실에서
임운석

목차〰〰

**002 들어가며**
오늘을 특별하게 만들어주는 걷기 여행, 같이 할까요?

010 걷기 여행은 처음입니다만 **내 마음에 쏙 드는 걷기 여행 7**
018 운동화 신고 잠깐 다녀오는 **걷기 여행의 매력**
020 걷기 여행, 이것이 궁금합니다 Q & A

첫 번째 걷기 여행

# 푸른빛 가득한 숲길

027 아찔한 절벽을 따라 바다가 춤추는 곳 **금오도 비렁길**
033 두 강물이 만나 하나가 되는 곳 **두물머리 물래길**
039 동해를 꼭 닮은 서해의 산책로 **해당화길**
047 마음의 치유가 필요한 당신에게 **국립산림치유원**
053 더위와 시름 씻는 산책길 **주왕산 주방계곡 코스**
059 대한민국 산소 1번지 **수타사 산소길**
067 죽음의 강을 생명의 강으로 **태화강 백리길**

**두 번째 걷기 여행**

## 아날로그 감성의 골목길

075 낡아서 더 애틋한 곳 **북성로 공구 골목**

081 골목길 따라 생생한 삶의 이야기가 들린다 **이바구길**

087 빌딩 숲 사이 작은 미로 **익선동한옥마을**

095 거꾸로 돌아가는 시계 **근대역사길**

103 청춘의 취향 저격 **전주한옥마을 길**

111 일본 어부들이 엘도라도로 여겼던 곳 **구룡포 근대문화역사거리**


**세 번째 걷기 여행**

## 생각을 정리하며 호젓하게 걷는 길

121 민족의 수난이 깃든 길 **남한산성 둘레길 1코스**

129 길은 거리가 중요하지 않다 **월정사 전나무 숲길**

135 멋과 여유가 깃든 길 **누정길**

141 조선 왕실의 비밀 정원 **창덕궁 후원**

149 잣나무와 1,500종 식물의 천국 **장흥자생수목원**

157 파도 소리 들으며 느릿느릿 걷기 좋은 **삽시도 둘레길**

163 천재 화가의 산책로 **이중섭 유토피아로**

네 번째 걷기 여행

# 도란도란 이야기하며 걷는 길

171  고향의 옛 모습을 그대로 간직한 곳 **외암민속마을 고샅길**

179  천년의 세월을 베고 누운 숲 **상림**

187  사계절 따뜻한 남쪽 나라 산책 **물건리 화전별곡길**

195  누구에게나 열려 있는 깊고 푸른 숲 **안산자락길**

201  열병식하듯 이어지는 단풍나무 **독립기념관 단풍나무 숲길**

209  옹골찬 역사의 흔적 따라 걷는 **사비길**

215  제주의 진짜 모습을 보고 싶다면 **올레길 1코스**

다섯 번째 걷기 여행

# 수도권에서 가까운 숲길과 바닷길

225  심신을 치유하는 도심 속 숲길 **장태산자연휴양림 둘레길**

233  덕수궁 돌담 따라 걷는 근대 역사 1번지 **정동길**

241  지치고 외롭다면 다시 일어나! **김광석 다시그리기길**

247  문학과 사색이 흐르는 **실레마을 이야기길**

253  탄성이 절로 터지는 푸른 바다와 하늘 **정동심곡 바다부채길**

261  역사의 뒤안길을 걸으며 **공산성 산책길**

269  맨발로 자연을 오롯이 느끼는 **계족산 황톳길**

여섯 번째 걷기 여행

# 지루한 일상에서 잠깐 벗어나는 길

277    비단결 같이 유유히 흐르는 **금강 둘레길**

285    대나무 숲길 사이로 펼쳐지는 겨울의 향연 **오방길**

293    봄이 오는 길목에서 **지심도 산책길**

301    세계 5대 연안 습지, 그 품속으로 **순천만 자연생태길**

309    작은 눈물의 왕국 **청령포에서 장릉까지**

315    제주의 숨은 산책로 속으로 **한담해안산책로**

# 내 마음에 쏙 드는 걷기 여행 7

case
1

## 소요 시간 1시간,
## 짧게 즐기는 리프레시 걷기 코스

양평　　　　　　　　　　**두물머리 물래길**

강물이 한가로이 흐르는 두물머리는 품이 큰
늙은 느티나무와 서정적인 풍광이 매력적이다.

서울　　　**익선동한옥마을**

야트막한 지붕과 어깨를 맞댄 처마,
두세 사람이 마주 걷기에도 비좁은
골목길이다.

전주　　　　　　**한옥마을 길**

맛의 성지 전주, 그 한가운데 자리한 전주한옥
마을은 '식신 거리'라 해도 지나치지 않다.

case
2

**걷고 난 후 맛집 탐방은 덤!**
**먹방+걷기=여행의 재미 200% 코스**

포항　　　**구룡포근대문화역사거리**

구룡포는 과메기와 대게가 유명하다.
술안주는 물론 밥반찬으로도 일품이다.

양주 **장흥자생식물원**

오솔길, 원시림, 숲속쉼터 등 다양한 테마원을
걷는 동안 힐링을 체험한다.

case
3

## 피톤치드 향을 맡으며
## 몸과 마음을 치유하는 걷기 코스

대전 **장태산자연휴양림**

키 큰 메타세쿼이아 숲을 거닐다 보면
키가 한 뼘은 자란 것 같다.

**천안**　**독립기념관 단풍나무 숲길**

2,000여 그루의 단풍나무가 열병식을 하듯
나란히 서서 나를 맞아주는 환상적인 길이다.

case
4

## 혼자서 여행하는 사람에게 권하는
## 한적한 걷기 코스

**춘천**　**실레마을 이야기길**

호젓한 길에서 느끼는 문학적 감수성은
삶의 권태에 빠진 나를 소생시킨다.

서울 　　　　　　　　　　　　　　**안산자락길**

어른, 아이는 물론 휠체어를 탄 신체 약자도 부담 없이
걸을 수 있는 순환형 무장애 숲길이다.

case
5

## 가족과 함께 도란도란 이야기하며
## 걷기 좋은 효도 코스

남해 　　　　　　　　　　　　　　**물건리 화전별곡길**

300여 년 전에 조성한 조림, 청명한 바다, 그
리고 무뚝뚝한 사람마저 미소 짓게 하는 화
사한 꽃까지, 짧지만 챙길 것 많은 길이다.

서울 　　　　　　　정동길

덕수궁에서 경향신문사까지 약 1km의 짧은
길에서 수도 서울의 600년 역사를 만난다.

case
6

## 관광, 맛집, 체험까지 가능한
## 올인원 걷기 코스

대구 　　　　　김광석 다시그리기길

김광석의 노래와 그때 그 시절을 향유한
다양한 문화가 부활한 듯하다.

영동 **금강 둘레길**

잔잔한 물결을 자장가 삼아 강변을
따라 걷는 길이다. 쉴 만한 곳이 넉넉
해 반려동물도 함께할 수 있다.

case
7

## 반려동물과 함께 즐길 수 있는
## 다함께 걷기 코스

아산 **외암민속마을 고샅길**

여유가 한껏 묻어나는 곳이다. 옆길로 빠져도
길 잃을 염려가 없는 편안한 길이다.

# 걷기 여행의 매력

## 쉽고 간편하게, 짧은 시간이면 OK

〰〰 걷기 여행은 가까운 곳을 쉽고 편하게 다녀오는 것입니다. 그러니 집 근처나 숙소에서 멀지 않은 곳에서 시작하면 좋습니다. 설령 목표한 구간을 다 걷지 못해도 아쉬워하지 않아도 됩니다. 언제든 마음만 먹으면 다시 다녀올 수 있으니까요.

걷기 여행은 소요 시간도 짧아 누구나 할 수 있습니다. 반나절, 아니 그보다 짧은 시간을 걸어도 좋습니다. 걷기 여행의 묘미는 거리가 짧을수록 더 커진답니다. 시간 여유가 없는 직장인이나 자녀 키우기 바쁜 주부 등 누구나 걷기 여행을 시작할 수 있습니다. 흔히들 생각하는 거창한 여행 계획은 사양합니다. 지금 당장 운동화를 신고 자박자박 걸어보세요.

## 가성비와 가심비 모두 OK

〰〰 여행을 계획할 때 항상 고려해야 할 사항 중 하나가 여행 경비입니다. 열정은 넘치지만 경제적 여유가 없는 청춘이나 팍팍한 일상에 허리띠를 졸라매야 하는 중장년도 예외는 아닙니다. 하지만 걷기 여행은 건강한 두 다리만 있으면 지갑이 가벼워도 부담 없이 떠날 수 있습니다.

대부분의 걷기 여행지는 지름신이 수시로 출몰하는 쇼핑 지역이 아니므로 돈 쓸 일도 많지 않습니다. 기껏해야 교통비, 한 끼 식사비, 음료수 한 잔 값 정도면 충분합니다. 돈은 적게 드는 반면 자연이 선사하는 햇빛, 바람, 풍경 등을 공짜로 누릴 수 있습니다. 그러니 지갑이 얇아도 심리적 만족도는 상상 이상입니다. 걷기 여행은 가성비(가격 대비 성능)와 가심비(심리적 만족감)까지 챙길 수 있습니다.

## 무언가 해야 한다는 '압박감 제로'

〰〰 성실한 사람은 여행 계획도 촘촘하게 세웁니다. 아울러 여행하는 동안 무언가 성과를 거두려 합니다. 마치 여행이 무슨 업무를 수행하는 듯한 모습에서 씁쓸함이 느껴집니다. 정도의 차이가 있을 뿐 많은 사람이 여행지에서 뭔가 해야 한다는 생각에서 자유롭지 못합니다. 하지만 걷기 여행이라면 이런 강박관념에서 벗어날 수 있습니다. 준비물은 지도 한 장과 생수 한 병이면 충분합니다. 내가 원하는 만큼 걷고 쉬엄쉬엄 둘러보면 그만입니다. 절반만, 아니 그보다 적게 걸어도 문제 되지 않습니다. 자신만의 속도로 걸으며 주변을 감상하고 느끼면 충분합니다.

몸도 마음도 가볍게 시작해보세요. 가벼운 만큼 특별한 목표나 동기 같은 건 필요 없습니다. 걷기 여행은 '반드시', '꼭 해야만 하는' 같은 압박에서 자유롭습니다. 목표나 동기에서 오는 부담에서 자유로워지면 의외의 행복감과 만족감이 밀려올 것입니다.

## 걷기 여행이 곧 운동, 내 건강 챙기기

〰〰 등산을 1시간 하면 약 588칼로리가 소모됩니다(체중 70kg의 남성 기준). 동일한 조건으로 1시간을 걸으면 약 279칼로리가 소모됩니다. 이는 요가(약 184칼로리)보다 높은 수치입니다. 등산처럼 과격하지 않으면서 여행과 운동, 두 마리 토끼를 잡을 수 있다는 점에서 걷기 여행은 누구나 도전해볼 만합니다.

전신운동인 걷기는 신체 건강을 증강시키는 데 효과가 있습니다. 산소 섭취량 증대, 심폐 기능 강화, 신진대사 촉진, 면역력 강화 등 많은 장점이 있습니다. 또한 정서적 이완 효과도 가져다줍니다. 반복적인 걷기는 뼈에 붙어 있는 긴장근을 자극함으로써 뇌를 활성화시켜 노화 방지에도 도움을 준다고 합니다. 기분 전환과 스트레스 해소는 말할 것도 없습니다. 스트레스를 받으면 두개골을 감싸고 있는 근육이 긴장되어 두통을 유발하는데 걷기가 이것을 완화해준다고 합니다.

# Q & A

## Q1 걷기 여행, 누구에게 추천하나요?

○ 반복되는 일상에 지루함을 느끼는 직장인 혹은 수험생

다람쥐 쳇바퀴 도는 듯한 일상에 변화를 주려면 여행이 하나의 방법입니다. 하지만 해야 할 일로 꽉 차 있어 떠나기가 쉽지 않습니다. 이런 경우 짧은 걷기 여행은 좋은 대안이 될 수 있습니다.

○ 중요한 결정을 앞두고 있는 크리에이터 혹은 리더

남들과는 다른 시각으로 새로운 것을 표현해야 하는 크리에이터 혹은 리더의 공통점은 많은 중요한 결정을 해야 한다는 점입니다. 이들에게 걷기 여행은 새로운 동력이 되기도 합니다. 많은 역사적 인물들이 산책하면서 생각을 정리하는 습관이 있었다고 합니다.

○ 여행하고 싶지만 지갑이 얇아서 망설이는 예비 여행자

걷기 여행은 큰돈을 투자하지 않고 원하는 만큼 여행을 즐길 수 있습니다. 많은 돈을 들여야 하는 일반 여행보다 비용이 훨씬 적게 들면서 잔잔한 재미를 느낄 수 있습니다. 자동차가 없다면 대중교통을 이용하면 됩니다.

○ 호젓한 여행을 꿈꾸는 예비 여행자

유명 관광지에서 호젓한 여행을 꿈꾼다? 그건 로망일 뿐 현실에서 이루기는 어렵습니다. 하지만 걷기 여행이라면 가능합니다. 걷기 여행은 한곳에 머물기보다 바람처럼 물처럼 유유자적 흘러가는 것이기 때문입니다. 걷기 여행 중 나만의 스폿을 발견한다면 이것만큼 큰 행운도 없습니다.

**Q2** 걷기 여행 초보자인데 무엇부터 시작해야 할까요?

집 근처나 생활 반경 10km 안팎에 걷기 좋은 곳이 있는지부터 챙겨보세요. 걷기 여행이 익숙하지 않다면 가까운 곳부터 다녀보길 권합니다. 자료 조사는 지자체 홈페이지와 한국관광공사 홈페이지(www.visitkorea.or.kr)를 이용해보세요.

 **Q3** 여행 코스를 짜다 보니 여행이
'고난의 행군'처럼 느껴져요. 괜찮을까요?

걷기 여행을 계획한다면 많은 곳을 다니기보다 한 장소를 천천히 돌아보는 시간을 늘려보세요. 그러면 여행은 더 알차고 몸은 덜 피곤할 겁니다. '본전 생각', '뿌리 뽑겠다'는 생각을 내려놓길 바랍니다. 다음에 다시 가면 되니까요.

 **Q4** 예산 짜기 팁을 알려주세요.

걷기 여행은 경비 부담이 적어요. 반나절 여행이라면 자가용을 이용할 경우 주유비와 통행료, 주차료 등을 챙기고, 한두 끼 식사와 음료수 값 정도 준비하면 됩니다. 1박 이상의 여행이라면 동선을 고려해 숙소를 잡고 아침 식사가 가능한 식당을 미리 알아두세요. 결론적으로 교통비, 숙박비, 식비를 중심으로 예산을 짜면 됩니다.

 **Q5** 여럿이서 걷기 여행을 떠나려고 하는데,
걷기 여행 에티켓이 따로 있나요?

여행의 목적이 무엇인지 서로 소통하는 게 좋습니다. 예를 들어 조용히 걷고 싶은 사람과 수다를 떨고 싶은 사람이 함께 여행한다면 어떨까요? 얼마 지나지 않아 갈등이 생기겠죠. 그래서 소통이 중요합니다.

## Q6 걷기 여행에 필요한 준비물은 무엇인가요?

걷기 여행을 위한 준비물은 아주 간단합니다. 대부분 쉽게 구할 수 있는 것이어서 준비하는 데 번거롭지도 않습니다. 여기서는 '가져가면 의외로 요긴하게 쓰는 물건'을 소개합니다(2시간 이상 소요되는 걷기 여행 기준).

| | |
|---|---|
| 모자 | 창이 넓은 것이 좋습니다. 여름에는 자외선 차단과 흡한속건(빨리 땀을 흡수하고 마르게 함) 기능이, 겨울에는 방한 기능이 있는 모자가 좋습니다. |
| 선글라스 | 눈부심과 자외선 차단에 효과적입니다. 바람이 강한 곳에서는 눈 시림과 눈에 이물질이 들어오는 것을 방지해주기도 합니다. |
| 장갑 | 손 보호를 위해 필요합니다. 겨울에는 방한용으로 준비합니다. |
| 마스크 | 자외선 차단은 물론 미세먼지로부터 보호합니다. |
| 손수건 | 손이나 얼굴을 씻거나 발목 등에 부상을 당했을 때도 요긴하게 사용할 수 있습니다. |
| 비옷 또는 접이식 우산 | 갑작스러운 기상 변화에 대비해 준비합니다. 특히 장마철에는 필수입니다. |
| 선크림 | 선크림은 수시로 덧바르는 게 포인트. 스틱 타입이 편리합니다. |
| 물티슈 | 도중에 씻을 만한 곳이 없을 수 있습니다. 이럴 때 물티슈가 매우 유용합니다. |
| 지퍼팩 | 걷기 여행 중 발생한 쓰레기를 담아 옵니다. 환경보호를 위해 꼭 챙겨 가도록 합니다. |
| 간식 (초콜릿 등) | 신진대사량이 높거나 저혈당 등 지병이 있다면 반드시 챙겨야 합니다. |
| 등산용 스틱 | 서너 시간 이상 걷는 장거리 구간에서 유용합니다. 하지만 나무 데크가 설치된 곳에서는 오히려 불편할 수 있으니 떠나기 전 코스 정보를 살펴보길 바랍니다. |

## Q7 걷기 여행에서 함께 즐기기 좋은 대표적인 축제를 소개해주세요.

### ○ 대전광역시 | 계족산맨발축제

대전 계족산에는 14.5km 구간에 양질의 황토를 깔아 걷기 좋은 산책길을 조성했어요. 계족산맨발축제에서는 싱그러운 숲속에서 맨발로 황톳길을 걸으면서 몸과 마음이 힐링되는 것을 느낄 수 있습니다. 맨발 걷기 외에도 숲속 문화 체험과 문화 공연 관람은 무료로 참여할 수 있습니다. 발을 씻는 곳이 따로 있으니 수건만 챙겨 가세요. **문의** 042-530-1832

### ○ 울산광역시 | 워터버블페스티벌 & 태화강 대숲 납량축제

태화강 주변에는 홍수 방지용으로 심은 대나무가 무성히 자라 오늘날 십리대숲을 이루었고 계절마다 아름다운 꽃이 만개해 단일 규모로는 전국 최대 수변 초화 단지를 자랑합니다. 이곳에서 한여름의 불볕더위를 조용히 잠재울 두 가지 축제가 열립니다. 태화강체육공원에서 열리는 워터버블페스티벌에서는 버블 파티, 물총 싸움, 워터슬라이드 등 물놀이 축제가 열리고, 태화강 대숲에서 열리는 납량축제에서는 호러 트레킹, 공포 체험관 등을 운영합니다. **문의** 052-245-2555, 052-266-7081

### ○ 경상남도 | 함양 상림 꽃무릇축제

숲의 싱그러움이 물씬한 함양 상림은 사계절 언제 찾아도 좋은 곳입니다. 특히 초가을 9월이면 붉은 자태를 뽐내는 꽃무릇을 만날 수 있어요. 상림은 신라 시대 최치원이 함양 군수로 재직할 당시 홍수를 방지하기 위해 조성한 인공림입니다. 오랜 역사만큼 나무의 수령도 오래돼 숲이 넓고 깊은 것이 특징이죠. **문의** 055-960-5756

### ○ 강원도 | 평창 송어축제

전국에서 가장 눈이 많이 내리기로 유명한 평창에서는 겨울에 송어축제가 열립니다. 텐트에서 즐기는 얼음낚시를 비롯해 푸짐한 송어 요리와 겨울 레포츠를 즐길 수 있는 다채로운 부대 행사까지 겨울 축제의 진수를 경험할 수 있습니다. 축제장에서 12km 정도 떨어진 곳에 위치한 오대산 월정사 전나무 숲길은 설원 속으로 걸어가는 듯한 신비로운 길입니다.
**문의** 033-336-4000

첫 번째 걷기 여행

# 푸른빛 가득한 숲길

숲속을 걷는 것을 좋아합니다. 초록색이 가져다주는 편안함,
나무가 품은 생명력, 그 숲이 만든 깊고 아늑한 품이 좋아서입니다.
혼자도 좋고 마음 통하는 벗과 함께여도 좋습니다.
설령 숲을 찾은 날 푸른빛이 아니어도 괜찮습니다.
숲은 여러 빛깔을 띠는데 그중 하나가 푸른빛일 뿐이니까요.

아찔한 절벽을 따라 바다가 춤추는 곳

# 금오도 비렁길

밤바다로 유명한 여수에 작은 섬 금오도가 있다. 금오도는 여수에서 뱃길로 짧게는 30분, 길게는 1시간가량 거리에 자리한다.

금오도 걷기 여행의 백미는 비렁길이다. '비렁'은 벼랑을 뜻하는 여수 사투리다. 이름에서 알 수 있듯 비렁길은 깎아지른 절벽과 기암괴석, 숲과 바다가 어우러진 최고의 산책로로 소문난 곳이다.

길은 모두 다섯 코스로 총길이가 18.5km에 달한다. 가장 인기 있는 코스는 1, 2, 3코스다. 1, 2코스는 완만해서 걷기 쉽고 경치도 좋아 쉬엄쉬엄 걸을 수 있다. 반면 3코스는 경사가 가파르다. 가벼운 걷기를 원한다면 1, 2코스를, 등산에 자신이 있다면 3코스를 권한다.

1코스의 출발지는 함구미마을이다. 마을 골목을 지나면 산길로 접어드는데 산기슭을 개간한 밭에는 온통 방풍나물 천지다. 금오도는 우리나라에서 방풍나물의 최대 생산지로 알려져 있다. 방풍나물 밭을 지나면 10분 정도 비탈길을 올라야 한다. 가쁜 숨을 토해내듯 비탈길을 벗어나면 어두컴컴한 숲속으로 길이 열린다. 이후부터 본격적인 비렁길이 시작된다. 하늘을 뒤덮은 울창한 나무는 동백나무다. 동백꽃이 가장 아름답게 피는 시기는 1~2월이다. 만개한 동백꽃을 보고 싶다면 이 시기에 비렁길을 걷는 것이 좋다.

1 돌담, 방풍나물, 오렌지색 지붕이 섬마을의
　운치를 소리 없이 들려준다.
2 마을 어귀에 난 걷기 좋은 길
3 벼랑에 안전하게 나무 데크를 설치했다.

1코스 최고의 전망은 미역널방이다. 옛날에 주민들이 지게에 미역을 지고 와서 이곳 바위에 널었다고 해서 붙은 이름이다. 아스라이 펼쳐지는 수평선이 하늘과 경계를 이루고 섬들이 화룡점정으로 바다를 더욱 아름답게 수놓는다. 숲길을 몇 굽이 더 지나면 1코스 두 번째 전망 스폿인 신선대에 도착한다. 먼바다에서 바람을 타고 온 짠내가 코끝에 닿는다. 시선이 향하는 곳마다 영화의 한 장면이 펼쳐지고 한 폭의 그림이 눈에 들어온다. 바다와 숲을 번갈아가면서 조망하길 몇 차례. 드디어 1코스의 마지막 스폿인 두포에 닿는다.

## (ⅰ) 간단 정보

| | |
|---|---|
| **가는 방법** | **대중교통** 여수종합버스터미널에서 28번 버스를 타고 백야선착장 하차, 금오도행 배를 타고 함구미선착장 도착<br>**자동차** 내비게이션에 '백야선착장(전라남도 여수시 화정면 백야리)' 검색 |
| **코스 동선** | **1코스** 함구미선착장⌒미역널방⌒신선대⌒두포<br>ː길이 5km, 2시간 소요<br>**2코스** 두포⌒굴등전망대⌒촛대바위⌒학동<br>ː길이 3.5km, 1시간 소요<br>**3코스** 갈바람통전망대⌒매봉전망대⌒비렁다리⌒학동<br>ː길이 3.5km, 1시간 30분 소요<br>**문의** 함구미 매표소 061-665-6464<br>　　　여수 관광통역안내소 061-664-8978<br><br>*tip.* 1코스를 시작으로 2, 3코스까지 순차적으로 산책하고 싶다면 백야선착장에서 함구미선착장으로 가는 배를 타야 한다. 3코스만 산책하고 싶다면 직포선착장에서 내리면 된다.<br><br>*tip.* 금오도 주요 선착장 운항 시간표<br>**백야선착장 출발** (11:00, 12:20) → 함구미선착장 → 직포선착장<br>**백야선착장 출발** (동계 07:25, 09:05, 하계 08:10, 09:50) ← 함구미선착장<br>**직포선착장 출발** (12:45, 16:00) → 함구미선착장 → 백야선착장 |

## *더 많은 정보

### 맛집

함구미선착장, 두포, 직포선착장에 식당이 모여 있다. 방풍나물 장아찌, 방풍나물 부침개, 방풍나물 수제비 등 방풍나물로 요리한 음식이 별미다.

함구미선착장에 위치한 **아빠와 아들**(010-5536-2136)은 방풍 해물전, 방풍도토리묵 등 방풍나물로 만든 다양한 먹거리를 낸다.

**금오도비렁길**(010-3080-9405)은 자연산 회와 매운탕 전문점이다. 주인장이 직접 잡은 생선으로 자연산 회를 내놓는다.


## *같이 가면 좋은 여행지

### 여수해양공원

여수해양공원은 밤바다의 낭만이 가득하다. 일몰 후 건물과 가로등에 조명이 켜져 바다를 형형색색으로 밝힌다. 돌산대교, 거북선대교, 장군도에 경관 조명이 들어오면 빛의 도시 여수를 맘껏 느낄 수 있다. 낭만적인 포장마차도 불야성이다. 대표 메뉴는 해물 삼합과 딱새우회다. 해물 삼합은 삼겹살과 조개 관자, 주꾸미 등 각종 해산물과 김치, 야채와 볶아 먹는다.

**주소** 전라남도 여수시 종화동 526-7
**문의** 여수시청 관광과 061-659-3877
**운영** 상시 개방
**요금** 무료

**여수 해상 케이블카**

국내 최초의 해상 케이블카로, 바다 위 80~90m 상공에 매달려 편도 1.5km,
왕복 3km를 운행한다. 여수 해상 케이블카는 돌산공원에서 출발해 바다를
가로질러 가서 오동도가 한눈에 내려다보이는 자산공원에 도착한다.

**주소** 전라남도 여수시 돌산읍 돌산로 3600-1(돌산 탑승장)
**문의** 061-664-7301
**운영** 동절기(12월-3월 중순) 10:00~21:30
　　　하절기(3월 하순~11월) 09:00~22:00
**요금** 왕복 대인 15,000원, 소인 11,000원
　　　편도 대인 12,000원, 소인 8,000원

1 여수해양공원에 밤이 찾아오면 형형
　색색의 조명이 켜진다.
2 여수 해상·케이블카는 국내 최초의
　해상 케이블카다.

두 강물이 만나 하나가 되는 곳
# 두물머리 물래길

두물머리는 금강산에서 발원한 북한강과 강원도 태백의 검룡소에서 샘솟은 남한강이 만나는 곳으로 한자 지명은 '양수리'다. 흔히 두물머리라 부르는 곳은 양수리에 있는 나루터를 뜻한다.

이곳이 섬이라는 사실을 아는 사람은 드물다. 352번 지방도로가 북한강 한가운데 떠 있는 두물머리와 연결되어 섬처럼 보이지 않는 것이다.

두물머리는 조선 시대에는 강원도에서 뗏목을 타고 한양으로 향하던 떼몰이꾼들이 쉬었다 가던 곳으로 꽤나 번성한 지역이었다. 하지만 현대에 들어 팔당댐이 건설되면서 육로가 놓이고 그린벨트로 지정되어 이후 쇠락의 길을 걸었다. 그러다 몽환적인 분위기를 연출하는 물안개와 서정미를 물씬 풍기는 나루터가 사진 찍기 좋은 명소로 알려지면서 사진 동호인들이 즐겨 찾게 되었다. 이곳에 조성된 두물머리 물래길은 고즈넉한 풍경과 물비늘이 곱게 너울진 모습을 볼 수 있어 걷기 좋은 길로 널리 알려졌다.

이 코스에서 처음 눈길이 가는 것은 배다리다. 조선 정조 때 설치했던 것을 재현한 것으로 규모와 시설 면에서 우리나라 제일이다. 다리를 건너면 세미원으로 연결된다.

두물머리 물래길의 핵심 스폿은 400년 이상 된 느티나무 쉼터다. 이곳에서는 겹겹이 둘러싼 산과 유유히 흘러가는 강물을 볼 수 있다. 또한 일교차가 커서 아침이면 물안개가 모락모락 피어올라 한 폭의 수묵화를 보는 것 같다.

물길을 따라 물안개쉼터, 소원쉼터, 갈대쉼터가 이어지는데 봄에는 연초록의 싱그러움이 좋고 여름에는 만개한 연꽃에 정신이 아득해진다. 가을이면 낭만적인 갈대가 스산한 바람과 함께 춤추듯 일렁이고 겨울에는 새하얀 눈에 뒤덮여 겨울 왕국이 연출된다. 그래서 두물머리는 사계절 언제 찾아와도 색다른 매력이 있어 산책하는 즐거움이 넘친다.

(i) **간단 정보**

| | |
|---|---|
| **가는 방법** | **대중교통** 수도권 지하철 경의중앙선 양수역 1번 출구 하차, 체육공원 삼거리 쪽으로 약 800m 도보 이동<br>**자동차** 내비게이션에 '두물머리공영주차장(경기도 양평군 양서면 양수리)' 검색 |
| **코스 동선** | 양수역⌒세미원⌒배다리⌒느티나무쉼터⌒물안개쉼터⌒소원쉼터⌒두물머리생태학교⌒갈대쉼터⌒물환경연구소⌒삼익아파트⌒우체국⌒양수리환경생태공원⌒용늪 삼거리⌒양수1리 건강생태마을⌒양서고등학교⌒양수역<br>:길이 10km, 4~5시간 소요<br>**문의** 물소리길협동조합 031-770-1003<br>　　　　양평군청 관광과 031-770-2066 |

황포돛배와 400년 이상 된 느티나무를 감상하는 일이 두물머리 물래길 걷기의 하이라이트다.

이른 아침 느티나무쉼터로 가는 길목, 찾는 이가 드물어 호젓하다.

## \*더 많은 정보

### 맛집

양평은 나들이객이 많은 덕에 맛집 선택의 폭이 넓다.

**연꽃언덕**(031-774-4577)에서 다양한 두부 요리를 맛볼 수 있다. 즉석 두부와 대패 삼겹살, 얼큰 순두부와 콩탕 등 건강한 두부 요리를 내놓는다.

**숑스바베큐**(031-774-9180)는 마늘간장 등갈비 바비큐가 인기다. 참나무 숯으로 초벌구이한 등갈비를 즉석에서 구워 먹는다. 야외 테이블에 자리 잡으면 캠핑 나온 기분으로 바비큐를 즐길 수 있다.

## \*같이 가면 좋은 여행지

### 세미원

'물을 보며 마음을 씻고 꽃을 보며 마음을 아름답게 하라'는 뜻을 지닌 세미원은 연꽃과 수련을 감상할 수 있는 곳이다. 6월에 개화한 연꽃이 7~8월에 절정을 이루면 한 폭의 동양화를 보는 듯 아름답다.

**주소** 경기도 양평군 양서면 양수로 93
**문의** 031-775-1835
**운영** 09:00~22:00(연중무휴)
**요금** 일반 5,000원, 경로(65세 이상) 3,000원
　　　 어린이(6세 이상)·청소년 3,000원

## 다산 정약용 유적지

조선 시대 후기 실학의 대가 정약용의 생가인 여유당과 다산 선생 묘, 다산 기념관, 다산문화관이 있다. 유네스코 세계문화유산으로 등재된 수원 화성을 축조할 당시 사용한 거중기를 실물 크기로 재현해놓아 볼만하다.

**주소** 경기도 남양주시 조안면 다산로 747번길 11
**문의** 실학박물관 031-579-6000
**운영** 09:00~18:00(월요일 휴무)
**요금** 무료

1

2

1 세미원은 6월부터 8월까지 연꽃이 만발한다.
2 정약용 생가인 여유당의 사랑채

동해를 꼭 닮은 서해의 산책로

# 해당화길

전라남도 영광은 서해와 맞닿아 있다. 그런데 서해라고 해서 다 같은 서해가 아니다. 영광의 바다는 동해를 닮았다. 영광은 서해 어디서나 볼 수 있는 섬도 흔치 않고 광활한 갯벌도 찾아보기 어렵다. 오히려 사납게 몰아치는 바다가 꼭 동해를 옮겨놓은 것 같다.

영광 해당화길을 가려면 칠산정 아래 주차장에서 출발한다. 칠산정은 백수 해안 도로의 여러 전망대 가운데 '갑 중의 갑'으로 통한다. 막힘 없는 조망과 바다에 떠 있는 돔배섬, 질주하는 차량 행렬까지 삼박자가 완벽한 그림을 이룬다.

해변에는 '건강 365계단'이라 불리는 목책 산책로가 이어진다. 계단 주위에는 손바닥 크기의 나뭇잎들이 햇빛을 가려 넉넉한 그늘을 만들어준다. 그 길을 따라 해당화가 많이 심겨 있다. 이 구간을 해당화길이라 부르는 이유다.

해당화는 5~7월에 절정을 이룬다. 산책로는 노을전시관까지 2.3km가량 연결된다. 대부분 나무 데크가 설치돼 있어 노약자도 걷기 편하다. 노을전시관 주변에는 험상궂게 생긴 갯바위들이 해안을 따라 너울진다.

노을전시관 끝자락에 서면 거친 바다와 마주하게 된다. 파도가

휘몰아치고 바람도 세차 가슴 깊은 곳까지 파도의 울림이 전해지는 듯하다. 귓가에는 달팽이관을 따라 파도 소리가 꼬리에 꼬리를 물고 달려든다.

해 질 녘, 태양이 붉은 장막을 부여잡고 피를 토하듯 바닷속으로 입수한다. 동해를 닮은 영광 바다. 하지만 장엄한 일몰만큼은 동해보다 한 수 위다. 서정미가 돋보이는 서해 특유의 멋이 배어 있다. 영광의 노을은 주체할 수 없는 무게감으로 다가온다. 여행을 마치고 돌아가는 내내 뜨거운 가슴이 느껴질 것이다.

## ⓘ 간단 정보

**가는 방법**  **대중교통** 영광종합버스터미널에서 221번 농어촌버스 승차 후 답동 정류장 하차
**자동차** 내비게이션에 '영광노을전시관(전라남도 영광군 백수읍 해안로 957)' 검색(백수 해안 도로 진입 후 칠산정 아래쪽 주차장 이용)

**코스 동선**  칠산정⌒건강 365계단⌒노을전시관
∷길이 2.3km, 40분 소요
**문의** 노을전시관 061-350-5600
영광군청 문화관광과 061-350-5750

1

2

3

1 건강 365계단 주변에는 그늘이 넉넉해 햇볕을 피해 걸을 수 있다.
2 노을전시관 끝자락에 위치한 등대 앞바다에서 파도가 일렁인다.
3 노을전망대에서 바라본 돔배섬과 바다 풍경

일몰이 시작되기 전 돔배섬의 풍경

## ＊더 많은 정보

### 맛집

영광 법성포는 굴비가 유명하다. 법성포는 바람이 많이 불고 볕이 잘 들며 일교차가 크다. 덕분에 품질 좋은 천일염이 생산된다. 이 천일염으로 절인 조기는 군내가 나지 않으며 짜지 않고 담백한 것이 특징이다.

**다랑가지식당**(061-356-5588)은 참조기로 보리굴비를 말린다. 꽃게굴비 한정식을 주문하면 상다리가 휘는 전라도 한정식을 맛볼 수 있다.

멋진 한옥인 **인의정**(061-356-0321)은 숯불굴비 정식이 주메뉴인데 굴비는 물론이고 게장과 숯불갈비, 굴비 매운탕까지 풀코스로 나온다.

## ＊같이 가면 좋은 여행지

### 영광칠산타워

전라남도에서 가장 높은 111m 전망대다. 이곳에 오르면 시원하게 펼쳐진 영광 바다와 주변 섬들이 한눈에 들어온다. 1층과 2층에 특산품 판매장과 회 센터, 향토 음식점 등이 들어서 있다. 전망대 한쪽 바닥에 특수 통유리를 설치해 발아래로 바다가 훤히 내려다보인다.

**주소** 전라남도 영광군 염산면 향화로 2-10
**문의** 061-350-4965
**운영** 하절기(3~10월) 09:00~20:00
　　　 동절기(11~2월) 10:00~18:00
**요금** 일반 2,000원, 청소년·군인 1,500원, 어린이 1,000원

1
2

1 칠산 바다가 한눈에 내려다보이는
영광칠산타워
2 다채로운 꽃이 만발한 불갑저수지
수변공원

## 불갑저수지수변공원

불갑저수지 주변을 공원으로 조성한 곳으로 전라남도 권역에서 가장 규모
가 크다. 계절 따라 잘 가꿔놓은 화단과 시원한 물줄기가 일품인 인공 폭포
등이 발길을 붙잡는다. 인근에 있는 불갑농촌테마공원은 형형색색의 조명을
설치해 야경을 감상하기에도 좋다.

**주소** 전라남도 영광군 불갑면 방마로 151
**문의** 061-350-4613
**운영** 상시 개방
**요금** 무료

마음의 치유가 필요한 당신에게
# 국립산림치유원

〈야상곡〉은 '피아노의 시인'이라 불리는 쇼팽의 대표곡이다. 쇼팽은 창작 활동에서 '10시간의 연습보다 1시간의 산책'이 중요하다고 말했다. 천천히 걷는 것은 몸과 마음에 큰 위로가 되며 치유를 선사한다.

경상북도 영주시에 위치한 국립산림치유원에는 걷기만 해도 몸과 마음이 치유되는 숲길이 있다. 그중에서 마실치유숲길 들머리는 총 5.9km 구간으로 2.3km의 데크 로드가 포함돼 있다. 이 데크 로드는 휠체어를 이용하는 장애인이나 노약자가 걷기 편한 무장애 숲길로 경사도가 8도 이하다. 데크 로드는 곧게 뻗은 구간이 있는가 하면 갈 지(之) 자처럼 꺾어지는 구간도 있다.

숲에서 자라는 수종은 대부분 활엽수다. 흔히 도토리나무라 부르는 상수리나무가 가장 많다. 가을에 숲길을 걷노라면 "탁, 탁, 탁"; "우두둑" 하는 둔탁한 소리를 듣게 된다. 그때 뒤를 돌아보면 나무에서 떨어진 도토리가 또르르 굴러가는 게 보인다. 계절이 물씬 느껴지는 소리다.

한편 중간 지점에 있는 넓은 공터에서 명상을 할 수 있다. 이는 국립산림치유원에서 운영하는 치유 프로그램 중 하나다. 이 외에 성인 대상 프로그램과 어린 자녀가 있는 가족을 위한 프로그램도 있다. 특히 가족 프로그램은 새소리, 바람 소리와 같이 숲의 다양한 산림 치유 인자를 느끼면서 가족이 함께 숲속을 걷는 프로그램이다. 단순한 것 같지만 숲을 걸으며 교감과 소통을 배우는 의미 있는 시간이다. 여기서 진행하는 모든 프로그램은 참가자들의 심신 상태를 점검하고 그 측정 결과를 기반으로 운영한다는 점이 특징이다.

마실치유숲길 들머리를 나선 지 30여 분, 데크 로드가 끝나고 숲길이 시작되는 고갯길을 만난다. 이곳은 영주시와 예천군을 이어 주는 고항재다. 이 구간은 길이 좋게 나 있어 걷기 무난하다. 10시간의 피아노 연습보다 1시간의 산책을 더 중요하게 여긴 쇼팽처럼 숲에서 진정한 걷기의 묘미에 빠져볼 일이다.

(i) 간단 정보

---

**가는 방법**  **대중교통** 중앙선 풍기역에서 내려 24번 일반버스 승차 후 두산1리 정류장에서 하차해 267m 도보 이동
**자동차** 내비게이션에 '국립산림치유원(경상북도 영주시 봉현면 테라피로 209)' 검색

---

**코스 동선**  마실치유숲길 들머리⌒휴게 쉼터⌒파고라⌒데크 로드 ⌒고항재⌒임도숲길
⌘길이 5.9km, 2시간 소요(데크 로드 2.3km 포함, 40분 소요)
**문의** 국립산림치유원 054-639-3400
　　　　영주시청 새마을관광과 054-639-6601

갈 지(之) 자로 이어진 데크 로드

마실지유숲길 들머리에 조성된 쉼터

## *더 많은 정보

### 맛집

경상북도 영주는 풍기인삼의 고장이다. 소백산 기슭에 위치한 풍기 지역은
풍부한 유기물과 한랭 기후, 배수가 잘되는 사질양토로 인삼이 자라기 좋은
천혜의 조건을 갖추고 있다.

**풍기삼계탕**(054-631-4900)은 풍기인삼을 넣은 삼계탕으로 유명하다.
**삼뜨락**(054-631-8233)은 인삼의 맛과 향을 그대로 살린 고급스러운 한정식
집이다. 메뉴는 삼정식, 뜨락 정식, 삼뜨락 정식 세 가지이며 돼지불고기와
떡갈비, 인삼튀김을 추가 주문할 수 있다.


## *같이 가면 좋은 여행지

### 풍기인삼시장

풍기인삼은 사과, 한우와 더불어 영주를 대표하는 특산품이다. 풍기인삼시
장은 매년 10월 중순이면 풍기인삼축제를 개최해 풍기인삼의 우수성을 알
려왔다. 6년 근 수삼을 비롯해 홍삼 농축액, 인삼 젤리, 인삼 간식 등 인삼을
활용한 다양한 제품을 판매한다.

**주소** 경상북도 영주시 풍기읍 인삼로 8
**문의** 054-636-7948
**운영** 09:00~19:00
**요금** 무료

## 영주 소수서원과 선비촌

조선 중종 때 풍기군수 주세붕이 이곳에 백운동서원을 짓고 유생들을 가르치기 시작했다. 이후 조선 명종 때 '소수서원'이라는 이름을 하사하여 우리나라 최초의 사액서원이 되었다. 소수서원 바로 옆에 조성된 선비촌은 주변의 유서 깊은 고택을 한자리에 모은 마을이다.

**주소** 경상북도 영주시 순흥면 소백로 2740
**문의** 054-639-5852
**운영** 09:00~18:00 (연중무휴)
**요금** 일반 3,000원, 청소년 2,000원, 어린이 1,000원

1 인삼에 관해서는 없는 게 없는 풍기인삼 시장
2 우리나라 최초의 사액서원인 소수서원

더위와 시름 씻는 산책길
# 주왕산 주방계곡 코스

주왕산(해발 721m)의 기암은 왕좌처럼 위용 있고 울창한 숲은 곤룡포처럼 화려하다. '중국 진나라 주왕이 피신해 숨었던 산'이라 하여 주왕산이라는 이름이 붙었다고 한다. 믿기 어려운 이야기지만 산세를 보고 나면 그냥 흘려버릴 이야기만은 아닌 듯하다.

주왕산국립공원에는 여러 탐방 코스가 있지만 그중에서도 여름에 걷기 좋은 길이 따로 있다. 계곡을 따라 걷는 주방계곡 코스가 바로 그 길이다.

주왕산국립공원 상의매표소를 통과해 사찰 대전사를 지나면 본격적인 등산로가 시작된다. 길이 워낙 평탄해서 등산로라는 말이 무색할 정도다. 특히 등산로 초입에서 용추폭포까지는 무장애 탐방 코스 구간으로 유모차나 휠체어를 밀고 다닐 수 있다.

등산로는 주방천을 따라 이어진다. 계곡에는 동글동글한 작은 조약돌이 넓게 깔려 있다. 기암괴봉은 주왕산의 특별한 볼거리다. 망월대, 연화봉, 급수대, 학소대 등 불끈불끈 솟아 있는 각양각색의 암봉이 남성미를 뽐낸다. 용추폭포와 그 주변을 에워싼 아찔한 협곡 역시 빼놓을 수 없는 볼거리다. 협곡은 과거 화산이 폭발하면서 흘러내린 용암과 화산재에 의해 만들어진 것이다.

1 휠체어도 다닐 수 있는 무장애길 구간
2 주왕계곡의 폭포 중에서 가장 큰 용연폭포
3 주왕산의 기암괴봉과 화려한 색감의 대전사 단청

용추폭포를 지나면 절구폭포와 용연폭포로 가는 두 갈래 길이 나온다. 절구폭포는 주변에 넓은 공간이 있어 가볍게 탁족을 즐기기 좋고, 용연폭포는 주왕계곡 폭포 중에서 가장 규모가 크다.

코스의 마지막은 내원마을 터다. 조선 시대에 임진왜란이 발발하자 산 아래에 살던 주민들이 계곡으로 피난 오면서 마을이 형성되었던 곳이다. 지금은 수풀이 우거져 옛 모습을 찾아보기 어렵다. 상의매표소에서 내원마을 터까지 느릿느릿 걷다 보면 2시간 이상 걸린다. 내려가는 길은 올라온 길을 따라 곧장 가면 된다. 겉보기에는 등산 같지만 막상 걸어보면 계곡을 따라 잘 조성된 산책로를 걷는 기분이 든다. 그 덕에 누구나 부담 없이 주왕산의 넓은 품에 안길 수 있으니 그 기쁨과 고마움은 더 말해 무엇 하랴.

(i) 간단 정보

| | |
|---|---|
| **가는 방법** | **대중교통** 청송시외버스터미널에서 주왕산행 버스 승차 후 주왕산 정류장 하차, 주왕산국립공원 상의매표소까지 570m 도보 이동<br>**자동차** 내비게이션에 '주왕산국립공원 상의매표소(경상북도 청송군 당마을길 11-7)' 검색 |
| **코스 동선** | 주왕산국립공원 상의매표소 ⌒ 용추폭포 ⌒ 절구폭포 ⌒ 용연폭포 ⌒ 내원마을 터<br>:길이 4.9km, 2시간 소요<br>**문의** 주왕산국립공원 관리사무소 054-870-5300<br>청송군청 관광안내과 054-873-0101 |

## ＊더 많은 정보

### 맛집

탐방지원센터부터 상의매표소에 이르는 구간에 식당이 많이 모여 있다.
**주왕산청솔식당**(054-873-8808)은 직접 재배한 야채로 만든 산채비빔밥과
더덕구이 정식이 인기다. 별미로 흑미를 넣은 토종 백숙도 맛있다.
**귀빈식당**(054-873-1569)은 유명한 달기약수로 삶은 토종 백숙을 내놓는다.
달기약수로 지은 밥은 푸른빛이 돌며 찰기가 남다르다. 철분이 많아 건강에
도 그만이다.

## ＊같이 가면 좋은 여행지

### 청송 달기약수

조선 철종 때 수로 공사 도중 바위틈에서 발견했다고 한다. 여기서 나는 약
수가 위장병과 피부병에 좋다고 소문이 나면서 약수터로 개발되었다. 이곳
은 약수를 받으러 오는 사람들로 이른 아침부터 붐빌 정도로 청송에 오면 꼭
들르는 명소가 됐다. 골짜기를 따라 대여섯 곳에서 약수가 나며 인근에 식당
이 여러 곳 자리해 있다.

> **주소** 경상북도 청송군 청송읍 약수길 16
> **문의** 청송군청 관광정책과 054-870-6240
> **운영** 상시 개방
> **요금** 무료

### 덕천마을

청송 심씨 집성촌으로 송소고택, 송정고택, 창실고택 등 예스러움과 고즈넉
함을 간직한 한옥이 자리해 있다. 송소고택은 1880년경 송소 심호택이 지
은 아흔아홉 칸 한옥으로 2012년 문화체육관광부 지정 '한국관광의 별' 체
험형 숙박 시설 부문에서 대상을 수상했다. 연간 7만여 명이 이곳을 찾으며
그중 10% 정도가 이곳에서 숙박한다고 한다. 내부는 고가구로 꾸며져 있으
며 편의 시설도 갖추고 있어 한옥에서의 특별한 하룻밤을 체험하기에 좋다.

**송소고택**
**주소** 경상북도 청송군 파천면 송소고택길 15-2
**문의** 054-874-6556
**운영** 상시 개방(한옥 내부는 숙박 예약자에 한해 개방)
**요금** 무료

1
2

1 철분이 많은 것으로 유명한
  달기약수
2 고품격 양반가 체험을 할 수
  있는 덕천마을의 고택

대한민국 산소 1번지

# 수타사 산소길

산소길, 이름만으로도 기분이 상쾌해지는 곳이다. 강원도 면적의 80%가 산림이고, 여기서 발생하는 산소가 우리나라 산소 발생량의 21%에 달한다는 점에 착안해 조성한 길이다.

강원도가 자랑하는 청정 환경과 아름다운 경관은 물론이고 인문학적 스토리가 무궁무진한 산소길이 73개에 이른다. 그 가운데 수려한 풍경에 마음까지 치유되는 곳이 홍천에 자리한 수타사 산소길이다. 수타사를 출발해 공작산생태숲을 지나 수타계곡 내에 있는 귕소, 출렁다리를 거쳐 원점으로 돌아오는 코스다. 총길이는 2.8km 안팎으로 길지 않다.

수타사 산소길 초입에 자리한 공작산생태숲은 휠체어도 편히 다닐 수 있을 만큼 길이 잘 닦여 있다. 공작산생태숲 들머리에서는 연잎으로 가득한 연못이 반긴다. 훤칠하게 잘생긴 소나무 아래에서 그윽한 보랏빛 맥문동이 자라고, 자생화원에는 제철 만난 노란색 원추리꽃이 고고한 미소를 전한다. 산책로에는 포도나무도 있다. 초여름에 이곳을 찾으면 방울방울 달린 포도송이를 볼 수 있다. 공작산생태숲 곳곳에 감춰진 자연의 보물이 가득하다.

오솔길에는 햇볕이 침투하지 못할 만큼 숲이 깊고 나무가 무성

1

2

1 산소길 초입에 자리한 수타사 대적광전
2 휠체어도 쉽게 다닐 수 있는 무장애길 구간

하다. 적당한 수분과 낙엽, 포슬포슬한 흙이 만나 걷기 좋은 길이 이어진다. 발을 내딛을 때마다 푹신한 느낌이 든다. 길 폭이 좁아서 여러 사람이 함께 걷기보다 혼자 걷기 적당하다. 시원한 계곡물 소리를 따라 걸으면 굉소와 출렁다리가 차례로 모습을 드러낸다. 아래쪽 계곡에는 고운 모래밭과 크고 작은 소가 끊임없이 이어진다. 풀벌레 소리가 여름 하늘을 가득 채우고 계곡물의 합창 소리가 산소길로 여울진다.

산소길을 만끽하고 싶다면 녹음이 우거지기 시작하는 초여름이 제격이다. 물론 생명의 기운이 움트기 시작하는 봄과 머리 위로 땡볕이 내리쬐는 한여름, 단풍이 물드는 가을도 나쁘지 않다. 눈이 소복이 내린 겨울에는 또 다른 정취를 느낄 수 있다.

## (i) 간단 정보

| | |
|---|---|
| **가는 방법** | **대중교통** 홍천시외버스터미널에서 수타사행 버스 승차 후 수타사 종점 정류장 하차, 270m 도보 이동<br>**자동차** 내비게이션에 '공작산생태숲(강원도 홍천군 동면 수타사로 409)' 검색 |
| **코스 동선** | 수타사⌒공작산생태숲⌒수타계곡⌒반환점⌒굉소와 출렁다리 ⌒용담⌒수타사<br>:길이 2.8km, 1시간 30분 소요<br>**문의** 공작산생태숲 033-430-2796<br>　　　홍천군청 문화관광과 033-430-2471 |

비에 젖어 촉촉한 치유의 숲

송진을 채취한 흔적이 고스란히 남아 있는 소나무

## *더 많은 정보

### 맛집

홍천은 수도권과 가까워 주말 나들이객이 많은 만큼 맛집도 많다.
**양지말 화로구이**(033-435-7533)는 고추장 삼겹살 맛집으로 30년 넘게 이곳을 운영하고 있다.
**토속한정식 샘터골**(033-432-4242)은 칼칼한 맛의 청국장으로 입소문이 났다. 마을에서 재배한 채소로 만든 10여 가지 나물 반찬이 나온다. 보리밥에 청국장과 각종 나물을 넣고 비벼 먹는 맛이 일품이다. 양념이 잘 밴 황태구이도 별미다.


## *같이 가면 좋은 여행지

### 무궁화공원

무궁화의 고장 홍천에서 시민들의 휴식 공간으로 사랑받는 곳이다. 이곳 무궁화는 독립운동가 한서 남궁억이 무궁화를 국화(國花)로 지정한 데 영향을 끼쳤던 것을 기념해 심은 것이다. 무궁화가 만발하는 7~9월에 가장 볼만하다. 공원 중앙에 있는 향토사료전시관에는 홍천군의 역사를 한눈에 볼 수 있는 자료가 전시되어 있다.

**주소** 강원도 홍천군 홍천읍 연봉리
**문의** 홍천군청 산림과 033-430-2776
**운영** 상시 개방
**요금** 무료

1 무궁화공원의 무궁화는
  여름 내내 꽃을 피운다.
2 한서남궁억기념관에 조성
  한 무궁화공원

## 한서남궁억기념관

한서 남궁억은 조선 고종 때 어전 통역관을 시작으로 궁내부 토목국장, 독립
협회 수석 총무, 황성신문사 초대 사장 등을 지냈으며 일제강점기에 독립운
동을 주도했다. 현재 한서남궁억기념관과 더불어 그가 세운 한서중학교와
옛 모곡교회당, 한서교회가 남아 있다.

**주소** 강원도 홍천군 서면 한서로 667
**문의** 033-430-4488
**운영** 09:00~18:00(월요일 휴무)
**요금** 무료

죽음의 강을 생명의 강으로

# 태화강 백리길

울산 태화강은 공업 도시 울산을 생태 도시로 이끈 반전의 상징이다. 조선 시대 태화강에서는 은어(銀魚)가 많이 잡혀 왕실에 진상할 정도였으며, 60여 년 전까지만 해도 1급수에만 산다는 재첩이 많이 서식해 태화강 하구에 조개잡이 어장이 있었다. 그러나 1960년대 이후 울산이 공업 도시로 성장하면서 태화강이 서서히 죽어가기 시작했다. 급기야 심한 악취와 부유물 때문에 코를 막지 않고는 강을 지나갈 수 없을 정도로 오염되었다.

이런 태화강이 민간과 지자체의 노력으로 깨끗했던 옛 모습을 되찾아가고 있다. 다시 태화강에 보금자리를 튼 철새와 물고기가 그 증거다. 태화강 백리길은 깨끗한 모습으로 되살아난 태화강을 즐길 수 있도록 조성한 길로 모두 4코스로 이루어져 있다. 그중 태화강의 진면목을 볼 수 있는 곳은 1코스다. 동해로 흘러드는 태화강 끝 지점의 명촌교를 시작으로 태화강 중류에 놓인 망성교까지 이어지는 구간이다.

1코스의 핵심 구간은 태화강대공원이다. 이 공원의 자랑은 편도 4km인 십리대숲길이다. 서울 여의도공원의 2.3배에 달하는 넓은 면적이다. 그 길을 따라 사계절 푸른 대나무가 일상에 찌든 도시인들을 품어준다. 태화강 건너편에서 바라보는 십리대숲은 초록색 담을 쌓아놓은 것처럼 안쪽이 보이지 않는다. 숲이 얼마나 울창한지 지면까지 햇빛이 내리쬐질 못한다.

대나무는 음이온과 피톤치드를 많이 발생시킨다. 그 덕에 숲길을 한 바퀴 돌고 나면 눈이 맑아지고 가슴이 탁 트이는 기분이다. 숲을 벗어나면 꽃밭이 펼쳐진다. 봄에는 유채꽃, 여름에는 배롱나무꽃, 가을에는 메밀꽃과 국화꽃 그리고 억새가 장관을 이룬다. 계절별로 다른 꽃을 피워내 사계절 색다른 묘미를 선사한다.

태화강대공원의 진면목을 보려면 태화루에 올라보자. 신라 선덕여왕 때 건립한 태화사의 한 누각을 복원해놓은 것으로 밀양의 영남루, 진주의 촉석루와 함께 '영남 3루'로 꼽힌다. 누각에 오르면 미려한 자태를 뽐내는 강줄기와 푸른 십리대숲이 어우러져 꿈틀거리는 생명체처럼 보인다. 이곳은 아름다운 야경으로도 유명하다.

(i) 간단 정보

---

**가는 방법**  **대중교통** 태화강 기차역에서 명촌교까지 도보 10분
**자동차** 내비게이션에 '태화강대공원(울산광역시 중구 내오산로 67)' 검색

---

**코스 동선**  명촌교⌒태화강대공원(십리대숲)⌒삼호교⌒배리끝⌒선바위⌒망성교
:길이 15km, 5시간 소요
**문의** 울산 종합관광안내소 052-277-0101
　　　울산광역시청 관광진흥과 052-229-3850

1 십리대숲은 봄부터 가을까지 꽃이 화사하게 펴 걷기
  여행이 즐거워진다.
2 십리대숲은 자전거 라이더에게도 인기 있는 구간이다.
3 울창한 대나무가 시원한 그늘을 만들어줘 걷는 묘미
  가 있다.

## *더 많은 정보

### 맛집

**언양기와집불고기**(052-262-4884)는 옛날 천석지기 기와집을 개조한 식당이다. 무려 100년 가까이 영업해오고 있으며 언양에서 가장 오래된 불고깃집이다. 최상급 한우를 두툼하게 다져 양념해 떡갈비처럼 만들어 석쇠에 구워 먹는다.

**촌놈밥집**(052-227-8856)에서는 고등어구이 세트와 두루치기 세트가 주메뉴다. 이름은 촌스럽지만 식당 분위기와 맛은 깔끔해서 젊은 층과 가족 단위 여행자들이 많이 찾는다.

## *같이 가면 좋은 여행지

### 선암호수공원

1964년 선암댐 준공 이후 보호구역으로 지정했다가 2007년 생태 공원으로 조성해 개방했다. 호수를 한 바퀴 돌아보려면 족히 1시간 이상은 걸린다. 장미터널, 연꽃지, 물레방아, 무궁화동산 등 안내판에 표시된 이정표만 23개에 달한다. 번잡한 관광지에서 느낄 수 없는 여유로움과 한적함이 잔잔한 호수처럼 조용히 흐르는 듯하다.

**주소** 울산광역시 남구 선암호수길 104
**문의** 052-226-4851
**운영** 상시 개방
**요금** 무료

1
2

1 호수 주변에 조성된 나무 데크를 따라 걷기 좋은 선암호수공원
2 위용을 뽐내는 대왕암공원의 대왕암. 여기서 보는 일몰이 아름답다.

### 대왕암공원

동해안에 자리한 해변 공원으로 그윽한 향이 넘실거린다. 수령 100년이 넘은 1만 5,000여 그루의 소나무가 뿜어내는 해송 향기다. 과거 해안선의 기암괴석과 해송이 아름답다 하여 선비들이 해금강이라 칭송했다. 해송 숲길 사이로 여러 갈래 산책로가 나 있다. 거친 바다에 거대하게 자리한 대왕암이 볼만하다.

**주소** 울산광역시 동구 일산동 산907
**문의** 052-209-3753
**운영** 상시 개방
**요금** 무료

# 아날로그 감성의 골목길

여행의 종착지는 언제나 사람을 향합니다.
그 여정에서 오래전 이야기를 듣기도 하고, 그들의 문화를 접하기도 합니다.
사람 사는 냄새가 느껴지는 골목에는 이런저런
삶의 흔적이 켜켜이 쌓여 있습니다.
골목 여행의 묘미는 삶의 흔적에서 전해지는
냄새를 맡으며 걷는 것에서 비롯됩니다.

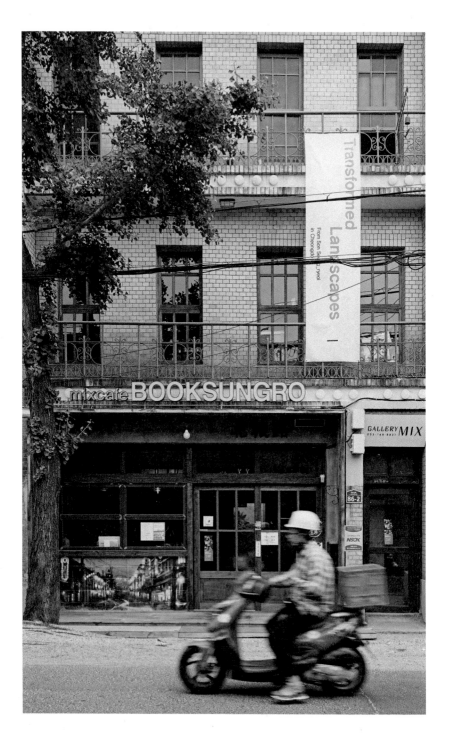

낡아서 더 애틋한 곳

# 북성로 공구 골목

대구 북성로 공구 골목은 대구 기차역 사거리에서 달성공원 사거리까지 약 1km에 이르는 이면 도로다. 지금으로부터 100여 년 전 대구 읍성 북쪽 성곽을 따라 형성된 길이다. 1970년대 이후 대구의 도심 개발 축이 동성로로 이동하면서 크고 작은 공구 상가가 이곳에 모여들기 시작했다. 이때부터 이 길을 공구 골목이라 불렀다. 한때 "공구 골목 한 바퀴를 돌면 탱크도 만들 수 있다"고 호언장담하던 시절도 있었지만 1990년대 이후 쇠락의 길을 걷게 되었다. 그러다 2010년대에 접어들면서 도시 재생의 바람이 불기 시작하더니 공구 골목에도 변화의 바람이 불고 있다.

폐가로 방치되어 있던 여관 건물을 리모델링한 북성로공구박물관은 공구 골목의 정체성을 보여주는 곳이다. 내부 전시실은 북성로 장인들의 작업 공간을 옮겨놓은 듯하다. 장인들의 소장품과 다양한 용도와 형태의 공구들이 전시되어 있다. 공구를 활용한 체험 프로그램도 운영한다. 박물관을 나와 북성로로 향하면 카페 북성로가 보인다. 일제강점기에 지은 건물로 당시 1층에는 상가, 2층에 태극다방, 3층에 당구장이 있었는데 지금은 여행자들이 즐겨 찾는 카페와 갤러리로 운영되고 있다.

북성로를 오갔던 예술가들의 흔적을 되짚어보는 것도 공구 골목 여행의 숨은 재미다. 화가 이중섭이 담배 은박지에 소 그림을 그렸다는 백록다방도 흥미롭다. 한국전쟁 직후 피난 온 문인들이 이곳에 모여 담소를 나누었다고도 전해진다. 특히 이곳을 운영하던 여사장이 예술과 문학에 조예가 깊어 예술가들과 대화 나누는 것을 즐겼다고 한다. 한 외신이 '전쟁의 폐허 속에서 바흐의 음악이 들린다'고 보도한 음악 감상실 르네상스도 들러볼 만하다. 이곳은 1·4후퇴 때 대구로 내려온 박용찬이 자신이 가지고 있던 음반으로 음악실을 꾸민 것이 계기가 됐다. 이곳을 드나들었던 유명인 중에는 시인 구상, 영화인 신상옥·최은희가 있다.

## (i) 간단 정보

| | |
|---|---|
| **가는 방법** | **대중교통** 대구 기차역에서 400m 거리로 도보 6분<br>**자동차** 내비게이션에 '북성로 공구 골목(대구광역시 중구 태평로3가)' 검색 |
| **코스 동선** | **대구 골목 투어 1코스**<br>경상감영공원⌒향촌문화관⌒북성로 공구 골목⌒경찰역사체험관⌒이상화 생가⌒달성공원<br>:길이 3.25km, 2시간 30분 소요<br>**문의** 대구광역시청 관광자원과 053-661-2624 |

1 일정한 패턴이 있는 다양한 공구 자재
2 산더미처럼 쌓인 공구들 사이에서 작
 업에 열중하고 있는 기술자

## *더 많은 정보

### 맛집

북성로에 밤이 찾아오면 새롭게 하루를 시작하는 곳이 있다. 밤에만 장사하는 포장마차촌이다. 대구은행 북성로 지점 근처, 주차장 공터에서 문을 연다. 주메뉴는 연탄 석쇠 돼지불고기와 즉석 우동. 주머니 가벼운 여행자들을 위해 착한 가격의 메뉴가 즐비하다.

**태능집**(053-252-1817)도 단골로 연일 붐벼 줄을 서야 할 때도 있다.

**디웅박**(053-975-0078)은 돼지불고기와 우동 외에도 닭발, 염통구이 등 메뉴가 다양해 고르는 재미와 먹는 재미가 쏠쏠하다.

## *같이 가면 좋은 여행지

### 대구 골목 투어 2코스

대구 골목 투어 2코스의 시작점인 동산의료원 뒤편 청라언덕은 살아 있는 근대 역사의 보고다. 이곳에 자리한 이국적인 선교사 주택들은 현재 박물관으로 사용한다. 일제강점기 당시 '대한 독립 만세'의 함성이 울려 퍼졌던 3·1운동길, 이상화고택, 약령시장까지 볼거리가 풍성하다.

**주소** 대구광역시 중구 달성로 56(동산의료원)
**문의** 대구광역시청 관광자원과 053-661-2624
**운영** 상시 개방
**요금** 무료

### 수성못

대구의 연인들이 데이트 코스로 즐겨 찾는 곳이다. 잘 가꿔진 수성유원지 수변을 한 바퀴 돌며 산책하거나 오리배 등 수상 레포츠를 즐기며 낭만적인 시간을 보낼 수 있다. 주변에 맛집과 카페가 많아 주말이면 많은 사람들이 이곳을 찾는다.

**주소** 대구광역시 수성구 두산동
**문의** 053-666-2863
**운영** 상시 개방
**요금** 무료

1

2

1 대구 골목 투어 2코스의 랜드
  마크인 선교사 주택
2 연인들의 데이트 코스로 인기
  많은 수성못

골목길 따라 생생한 삶의 이야기가 들린다

# 이바구길

'이야기'를 뜻하는 경상도 사투리 '이바구'. 왠지 모를 친근함에 어떤 이야기가 흘러나올지 사뭇 기대된다. 이런 기대와 설렘을 품고 걷는 길이 부산 동구 초량동에 자리한 이바구길이다. 부산항 개항 시기부터 1970~1980년대 산업화 시대까지 서민들의 애환이 깃들어 있는 길이다.

이바구길은 부산 지하철 1호선 부산역 앞 차이나타운에서 출발한다. 부산 최초의 물류 창고인 남선창고 터에서 약 100m 거리에 옛 백제병원이 자리한다. 부산 최초의 근대식 종합병원으로 세월의 흐름에 따라 용도를 달리하다가 지금은 카페로 운영한다. 이곳을 지나면 미국 선교사 윌리엄 베어드가 지은 초량교회 골목을 따라 스타 갤러리가 이어진다.

스타 갤러리 앞에서 초량동이 낳은 그림 속 유명 인사들과 눈인사를 나누고 돌아서면 가파른 계단이 벽처럼 서 있다. 168계단이라 불리는 이곳은 1960년대까지 주민들이 물동이를 지고 오르내리던 길이다. 지금은 모노레일이 설치되어 초량동의 명물로 자리 잡았다. 모노레일 정상부에 오르면 김부민전망대에 닿는다. 김부민은 "일출봉에 해 뜨거든 날 불러주오, 월출봉에 달 뜨거든 날 불러주오"라는 가사로 시작하는 가곡 〈기다리는 마음〉의 작사가다. 전망대에 서면 부산항대교와 부산항, 초량동이 한눈에 들어온다.

168계단 꼭대기에서 이어지는 길을 따라가면 마을 어르신들이 운영하는 625막걸리와 게스트하우스 이바구충전소가 있다. 한국의 슈바이처로 알려진 장기려 박사를 기리는 장기려기념관과 청마기념관도 놓치기 아까운 명소다. 종착지는 천지빼까리 카페와 까꼬막 게스트하우스다. '천지빼까리'는 너무 많아서 그 수를 헤아릴 수 없을 때 쓰는 말이고 '까꼬막'은 산비탈의 부산 사투리다. 천지빼까리로 흩어져 있는 이바구길을 따라 걷다 보면 까꼬막도 쉬이 오를 수 있다.


## (i) 간단 정보

| | |
|---|---|
| **가는 방법** | **대중교통** 부산 지하철 1호선 부산역 7번 출구로 나와 왼쪽 골목으로 들어가면 이바구길이 시작된다. 이바구길 전 구간을 걸으면 까꼬막 게스트하우스에 도착하고 그곳에서 도보로 15분 이동하면 초량역이 나온다. 초량역에서 부산역까지 지하철 한 정거장을 거슬러 가면 왔던 곳으로 되돌아올 수 있다.<br>**자동차** 내비게이션에 '부산역(부산광역시 동구 중앙대로 206)' 검색 |
| **코스 동선** | 남선창고 터 ⌒ 옛 백제병원 ⌒ 초량교회(스타 갤러리) ⌒ 168계단 ⌒ 김부민전망대 ⌒ 이바구공작소 ⌒ 장기려기념관 ⌒ 청마기념관 ⌒ 천지빼까리 카페<br>∷ 길이 2km, 2시간 소요<br>**문의** 이바구공작소 051-468-0289<br>　　　부산광역시 동구청 051-466-7191<br>　　　부산역 관광안내소 051-441-6565 |

1

2

3

1 비탈진 지역에 형성된 이바구길은
지역에 높낮이가 각기 다르다.

2 옛날 주민들이 물동이를 지고 오르
내렸던 168계단길

3 옛 건물을 리모델링한 게스트하우스
이바구충전소

## *더 많은 정보

### 맛집

**부산삼진어묵 본점**(051-412-5468)은 3대에 걸쳐 한결같은 맛과 비결로 묵묵히 전통을 이어오는 곳이다. 1층 어묵 베이커리는 수제 어묵, 어묵 고로케, 튀김 어묵 등 어묵이 이만큼 다양할 수 있다는 사실을 보여준다. 2층에서는 피자 어묵, 성형 어묵을 직접 만들어보는 체험장을 운영한다.

**본전돼지국밥**(051-441-2946)은 관광객보다 현지인들에게 더 친숙한 식당이다. 깊고 깔끔한 돼지고기 국물 맛으로 유명하다.

## *같이 가면 좋은 여행지

### 태종대

영도 해안을 따라 9km에 걸쳐 이어지는 태종대는 천혜의 해안 절경을 자랑한다. 부산 최남단인 이곳에는 암벽 난간을 따라 멋진 전망대가 곳곳에 자리한다. 부산에 3개밖에 없는 유인 등대 중 하나인 영도등대는 100년 넘게 어두운 밤바다를 비추는 등불 역할을 하고 있다.

**주소** 부산광역시 영도구 전망로 316
**문의** 051-405-2004
**운영** 04:00~24:00
**요금** 무료

## 부산근대역사관

일제강점기에 지은 건물에 자리해 있다. 당시 일본이 동양척식주식회사 부산 지점으로 사용했던 곳이다. 해방 후에는 부산문화원으로 쓰이다가 1999년 이후 역사를 재조명하는 공간으로 탈바꿈했다. 유물 200여 점과 영상물, 조형물을 통해 부산의 근현대사를 엿볼 수 있다.

**주소** 부산광역시 중구 대청로 104
**문의** 051-253-3845
**운영** 09:00~18:00(마지막 주 금요일 ~20:00, 월요일·1월 1일 휴무)
**요금** 무료

1 태종대전망대에서 바라본 태종대
2 부산근대역사관 내부. 한국전쟁 당시 대통령 접견실로 사용했다.

# 빌딩 숲 사이 작은 미로
# 익선동한옥마을

서울

"친구야 놀~자." 어린 시절 아침 밥상만 물리면 골목에서 친구들과 뛰어놀던 기억. 골목은 놀이터 이상의 가치가 있었다. 세월이 흘러 골목이 있던 자리에는 아파트가 들어섰다. 생활은 편리해졌지만 추억마저 잃어버린 것 같아 아쉽다. 그나마 서울에는 골목에서의 추억을 반추할 만한 곳이 몇몇 있다.

수도권 지하철 1·3·5호선 종로3가역 4번 출구 맞은편 길을 건너면 100년도 더 된 익선동한옥마을이 나온다. 인사동과 창경궁, 종묘와 가까운 곳으로 서울에서 가장 오래된 한옥마을이다. 종로구청에서 지정한 골목길 탐방 코스 중 '익선동 코스'에 익선동한옥마을이 포함되어 있다. 익선동 코스는 구세대와 신세대를 아우르는 소통의 길로 A코스와 B코스로 나뉜다. A코스는 젊은 감성의 문화 길로 창덕궁에서 시작하여 돈화문국악당, 우리소리도서관을 지나 익선동한옥마을에 닿는다. B코스는 어르신을 위한 특화 길로 오진암 터에서 출발하여 익선동한옥마을, 락희거리, 실버영화관을 거쳐 종묘에서 끝난다. 신구 세대를 아우르는 익선동에는 1920년대 초 민족주의자였던 건축가 정세권이 한옥마을을 조성해 현재 130여 채의 한옥이 남아 있다. ㄱ자형, ㄷ자형, ㅁ자형 가옥이 대부분으로 가옥

전체를 한눈에 볼 수 있을 정도로 아담하다(개인 주택은 관람 불가).

2004년 재개발 사업이 시작됐는데 이후 재개발이 무산되고 현재는 주민 50%가 떠난 상태다. 그래서 폐가처럼 변한 집도 있고 먼지가 소복하게 쌓인 빈집도 드문드문 보인다. 어깨를 나란히 맞댄 야트막한 지붕 아래로 두세 사람이 마주 걷기에도 비좁은 골목이 1km가량 이어진다. 한옥마을을 둘러싼 빌딩 숲과 대조를 이뤄 익선동은 더욱 작고 비좁아 보인다. 하지만 결코 초라하지 않다. 요즘 뜨는 맛집이 있고 분위기 좋은 카페, 전통과 현대를 오가는 전통찻집 등 한옥을 활용한 기발한 곳들이 발걸음을 붙잡기 때문이다. 요즘 뜨는 '새로움(new)과 복고(retro)를 합친 신조어 뉴트로(newtro)' 감성에 가장 적합한 곳이 익선동이 아닐까 싶다.

## (i) 간단 정보

| | |
|---|---|
| **가는 방법** | **대중교통** 수도권 지하철 1·3·5호선 종로3가역 4번 출구 맞은편 길을 건너면 익선동 골목길이 시작된다. 빌딩 숲 가운데 단층 한옥이 줄지어 있어 바로 눈에 띈다.<br>**자동차** 내비게이션에 '익선동한옥마을(서울특별시 종로구 익선동)' 검색 |
| **코스 동선** | 수도권 지하철 종로3가역 4번 출구 ⌒ 돈화문로11길 ⌒ 수표로28길<br>ː길이 1km, 30분 소요<br>**문의** 서울특별시 종로구청 02-2148-1114 |

1

2

1 익선동한옥마을에는 감성을 자극하는
  소품과 설치물이 많다.
2 뉴트로 감성이 전해지는 익선동의 한
  의류 매장

퓨전 맛집으로 알려진 레스토랑 열두 달

## * 더 많은 정보

### 맛집

익선동에는 맛집이 많다. 그중에서 **경양식 1920**(02-744-1920)은 1980~1990년대 경양식 레스토랑 느낌을 그대로 살린 인테리어가 특징이다. 맛있는 햄버그스테이크를 먹으며 옛 시절 첫 미팅을 떠올려봐도 좋겠다. **창화당**(070-8825-0908)은 줄 서서 먹는 만둣집이다. **동백양과점**(02-744-1224)은 개화기 시절로 돌아간 듯 인테리어가 고풍스럽다. 입소문 난 메뉴인 딸기 수플레 팬케이크를 만드는 전 과정을 볼 수 있다.


## * 같이 가면 좋은 여행지

### 종묘

유네스코 세계문화유산으로 등재된 종묘는 조선 시대 왕과 왕비의 신위를 봉안한 사당이다. 오랜 시간 왕실의 숲으로 보존된 덕에 서울에서 삼림욕을 즐길 수 있는 몇 안 되는 곳 중 하나다. 매주 토요일과 매월 마지막 수요일 문화의 날 외에는 자유 관람이 불가능하고 문화해설사와 동행해야 한다.

**주소** 서울특별시 종로구 종로 157
**문의** 02-765-0195
**운영** 평일 09:30~16:30,
　　　주말 09:00~18:00(10~2월 09:00~17:30, 화요일 휴무, 시간 제한 관람으로 운영)
**요금** 일반 1,000원, 소인 500원

### 삼청동 골목

예로부터 산과 물, 인심이 맑고 좋다 하여 삼청(三淸)이라 불린 곳으로 고풍
스러움이 묻어난다. 한때는 작은 공방이나 갤러리가 매력이었다면 지금은
잡지에 나올 법한 감각적인 디자인 숍이 가득하다. 삼청동주민센터를 중심
으로 길 양쪽에 카페들이 들어서 있다.

**주소** 서울특별시 종로구 삼청로 107(삼청동주민센터)
**문의** 02-2148-5063
**운영** 상시 개방
**요금** 무료

1 일정한 간격으로 세워진
  종묘의 열주(기둥)
2 낮과는 다른 풍경을 보여
  주는 삼청동

거꾸로 돌아가는 시계

# 근대역사길

강경은 시간이 멈춘 듯한 도시다. 젓갈 가게를 제외한 나머지 건물은 그 모양새가 일제강점기에 머물러 있다. 지금은 쇠락한 모습이 역력하지만 과거 강경은 조선 시대 3대 시장에 손꼽히며 충청남도와 전라남도에 걸쳐 가장 번성한 물류 중심지였다. 강경 근대역사길은 강경 읍내에서 번성했던 당시의 흔적을 좇아 걷는다. 넉넉잡아도 2시간이면 충분히 돌아볼 수 있다.

강경 기차역에서 출발하면 옛 건축물을 먼저 만나게 된다. 강경상업고등학교 교장 사택(1931년 준공)과 강경중앙초등학교 강당(1937년 준공)이 그것이다. 골목길에는 옛 남일당한약방이 자리해 있다. 남일당은 '남쪽에서 제일 큰 한약방'이란 뜻이다. 1920년대까지만 해도 충청남도와 전라남도를 통틀어 가장 큰 규모였다고 한다. 현재는 한약방으로 운영하지는 않지만 국가등록문화재 제10호로 지정되어 본래 모습 그대로 보존되어 있다. 한약방이 자리한 골목은 좁아 보이지만 당시에는 중심 상권으로 번화가였다.

강경읍 북쪽에 있는 홍교리 거리에는 일제강점기와 한국전쟁 전후에 지은 건물들이 고스란히 남아 있어 옛 시절을 엿볼 수 있다. 홍교리 마을회관을 지나 옥녀봉로를 따라 올라가면 옥녀봉이 나온다. 옥녀봉 가는 길에 한옥인 옛 강경성결교회 예배당(1924년 준공)이 있다. 1924년 교회학교 학생들이 최초로 신사참배를 거부하면서 전국적으로 신사참배 거부 운동을 확산시킨 곳이다. 침례교의 한국 최초 예배 장소도 강경에 있다. 포목 장사를 하던 지병석이 선교사 일행을 자신의 집으로 초대해 예배를 드렸는데 이것이 우리나라 침례교의 효시다. 그의 집 옆에는 당시 일제가 폐교시킨 ㄱ자 형태의 침례교 교회 터가 남아 있다.

옥녀봉에 오르면 강경 읍내가 한눈에 내려다보인다. 옥녀봉은 평야가 발달한 강경에서 가장 전망이 좋은 곳으로 논산팔경에 속한다. 옥녀봉을 내려와 옛 한일은행 강경 지점(1913년 준공)에 닿는다. 한일은행은 1906년에 문을 연 민족 은행이다. 짧은 여정이지만 과거와 현재가 교차하는 강경 읍내를 산책하며 과거로의 시간여행을 경험해본다.

## (ⅰ) 간단 정보

---

**가는 방법**  **대중교통** 강경 기차역에서 도보로 15분
**자동차** 내비게이션에 '강경상업고등학교(충청남도 논산시 강경읍 계백로 220)' 검색

---

**코스 동선**  강경상업고등학교 교장 사택⌒스승의 날 발원지(강경여자중·고등학교)⌒강경중앙초등학교⌒옛 남일당한약방⌒본정동 거리(일본식 건축물 밀집 지역)⌒대동전기상회(근대건축물)⌒옛 한일은행 강경 지점(강경역사관)⌒중앙전통시장⌒젓갈시장 사거리
:길이 3km, 1시간 30분 소요
**문의** 강경읍주민센터 041-746-8501

1 한옥과 일본식 건물이 조화로운 강경
  상업고등학교 교장 사택
2 1923년에 지은 옛 남일당한약방은 충
  청남도와 전라남도를 통틀어 가장 큰
  한약방이었다.

강경역사관 앞에 서면 타임머신을 타고 과거로 돌아간 듯한 느낌이 든다.

# ＊더 많은 정보

## 맛집

강경의 특별한 먹거리는 뭐니 뭐니 해도 젓갈 정식이다.

**달봉가든**(041-745-5565)에서는 명란젓, 창난젓, 갈치속젓, 토하젓 등 무려 12가지 젓갈을 골고루 맛볼 수 있다. 젓갈 맛은 소금이 좌우하는데 이곳의 젓갈은 국산 천일염을 사용해 쓴맛이 없고 단맛이 여운으로 남는다.

**강경해물칼국수**(041-745-3940)는 20년 넘게 운영하는 맛집이다. 메뉴는 해물칼국수뿐으로 굴, 바지락, 홍합, 미더덕 등 해물이 듬뿍 들어가서 국물이 진하고 맛있다.

# ＊같이 가면 좋은 여행지

## 옥녀봉

이곳에서 강경 읍내를 한눈에 내려다볼 수 있다. 평야가 발달한 강경에서 가장 전망이 좋은 곳이다. 야트막한 봉우리에 올라서면 사방이 탁 트여 있다. 작은 마을에 교회 첨탑이 6~7개는 돼 보인다. 또 한편에서 유유히 흐르는 강경천과 금강이 만나 서해로 흘러간다. 작은 정자와 봉수대, 운동기구, 화장실까지 편의 시설도 잘 갖춰져 있다.

**주소** 충청남도 논산시 강경읍 북옥리
**문의** 041-730-4601
**운영** 상시 개방
**요금** 무료

**팔괘정**

조선 숙종 때 우암 송시열이, 스승인 김장생이 임이정을 건립하고 후학을 가르치기 시작하자 임이정 가까운 곳에 지은 정자다. 임이정과 불과 100m 거리로 스승을 가까이서 모시고 싶어 한 제자의 깊은 마음이 전해진다. 팔괘정 오른쪽에 있는 돌산전망대에 오르면 금강 상류와 강경 읍내, 부여까지 한눈에 내려다보인다.

**주소** 충청남도 논산시 강경읍 금백로 32-11
**문의** 041-746-5412
**운영** 상시 개방
**요금** 무료

1 옥녀봉을 지키고 있는 느티나무
2 금강이 내려다보이는 팔괘정

아날로그 감성의 골목길

청춘의 취향 저격

# 전주한옥마을 길

전통의 멋을 간직한 전주한옥마을은 항상 청춘들로 북적인다. 싱그러운 젊음을 발산하는 젊은 층이 삼삼오오 모여 한옥마을 곳곳을 누빈다. 이유는 청춘의 취향을 공략하는 것들로 넘쳐나기 때문이다. 전주한옥마을은 색다른 재미와 즐거움을 추구하며 옛것에서도 항상 새로움을 찾아내는 청춘들의 놀이터가 되기에 충분하다.

전주한옥마을의 대표적인 즐길 거리는 한복 체험과 길거리 음식이다. 덕분에 한복 대여점들이 문전성시를 이룬다. 요즘은 일제강점기에 유행했던 근대 복식까지 등장했다.

내친김에 한복을 빌려 입고 한옥마을을 걸어보자. 전주한옥마을 관광안내소에서 출발해 되돌아오는 코스로 총 4.5km이다. 출발 전 관광안내소에서 지도를 챙겨 가면 좋다.

첫 방문지인 경기전은 조선 태조 이성계의 어진(왕의 초상화)을 모신 곳이다. 경내에는 다양한 수종의 나무가 사계절 다른 모양으로 여행자를 맞이한다. 잠자리 날개처럼 고운 한복을 차려입은 연인들이 인생 사진을 남기려고 분주하다. 경기전 앞에 위치한 전동성당은 1914년에 지었다. 일제 통감부가 일본인 상권 확대를 위해 전주부성 풍남문을 허물었는데 여기서 나온 돌을 주춧돌로 사용했다고 한다.

태조로를 따라 곧장 걸어가면 오목대전망대로 가는 길목이 나온다. 이 길에 주전부리를 판매하는 가게가 즐비하다. 가격은 2,000~5,000원 선. 메뉴는 나열할 수 없을 정도로 다채롭다. 맛집으로 소문난 가게는 손님들이 길게 줄을 서서 대기한다.

오목대전망대에서는 한옥마을 최고의 풍광을 볼 수 있다. 한옥의 기와가 물결치듯 이어진 풍경에 가슴이 벅차오른다. 오목대전망대는 고려 우왕 때 이성계 장군이 왜구를 물리치고 승전 잔치를 연 곳이다. 전망대에서 내려와 기린대로를 따라가면 오른편에 향교 길이 나온다. 그 길을 따라 돌면 전주향교에 이른다. 전주향교는 오래된 은행나무가 볼만한데 가을이면 은행잎이 샛노랗게 물들어 장관이다. 전주향교를 나와 한백교 아래 자리한 한백당에 올라 옥빛으로 물든 전주천을 조망해보자. 이제 출발지였던 관광안내소로 돌아가면 코스가 마무리된다.

## (i) 간단 정보

---

**가는 방법**   **대중교통** 전주고속버스터미널에서 8-2, 102번 일반버스 승차 후 동부시장 정류장 하차, 417m 도보 이동
**자동차** 내비게이션에 '전주한옥마을 관광안내소(전라북도 전주시 완산구 기린대로 99)' 검색

---

**코스 동선**   전주한옥마을 관광안내소⌒경기전⌒전동성당⌒오목대전망대⌒이목대⌒전주향교⌒한벽당⌒전주한옥마을 관광안내소
：길이 4km, 1시간 30분 소요
**문의** 전주한옥마을 관광안내소 063-282-1330

| 1 |
| 2 |

1 가을이 내려앉은 듯한 전주향교 풍경
2 사시사철 푸른 대나무 숲은 경기전에서
  인기 있는 포토존이다.

성당, 교회, 한옥이 어우러진 전주한옥마을의 해 질 녘 풍경

로마네스크 건축 양식으로 지은 전동성당

## *더 많은 정보

### 맛집

전주한옥마을 길거리(태조로) 주전부리는 인기 상한가를 달리고 있다.
**교동고로케**(063-283-5555)의 비빔밥 고로케는 여기서만 맛볼 수 있다.
이국적 풍미가 가득한 바게트 햄버거를 판매하는 **길거리야**(063-286-5533)
는 재료가 소진되면 마감한다.
언제나 사람들로 북적한 **PNB풍년제과**(063-285-6666)는 정성 들여 만든 수
제 초코파이로 유명하다.

## *같이 가면 좋은 여행지

### 자만벽화마을

전주한옥마을 오목대전망대에서 이어지는 육교를 건너면 자만벽화마을이
나온다. 한국전쟁 때 피난민들이 모여 살던 산동네였는데 요즘은 벽화와 카
페 거리로 변신했다. 벽화 하나하나에 작가의 혼을 불어넣은 듯 완성도가 높
다. 이곳 벽화는 리히텐슈타인 스타일의 팝아트, 일본 애니메이션 등 만화적
상상력으로 가득하다.

**주소** 전라북도 전주시 완산구 교동 50-158
**문의** 전주시청 문화관광과 063-222-1000
**운영** 상시 개방

### 남부시장 청년몰

남부시장 2층에 자리한 청년몰은 '청년의, 청년에 의한, 청년을 위한 공간'이다. "적당히 벌고 아주 잘 살자"라는 모토에서 출발한 뉴타운이다. 청년 상인들이 함께 만들어가는 복합 문화·쇼핑 공간으로 기존 틀에 얽매이지 않는 독창적인 가게들이 모여 있다. 매주 금·토요일 저녁에 열리는 야시장도 챙겨볼 만하다.

**주소** 전라북도 전주시 완산구 풍남문2길 53
**문의** 063-288-1344
**운영** 상시 개방

1 2

1 벽화와 카페 거리로 변신한 자만벽화마을의 모습
2 남부시장 청년몰에는 감수성 짙은 가게가 많다.

일본 어부들이 엘도라도로 여겼던 곳
# 구룡포 근대문화역사거리

과메기로 유명한 포항 구룡포항에는 일본식 가옥 80여 채가 줄지어 있다. 이곳은 '구룡포 근대문화역사거리'라 부르는 곳이다. 주말에는 기모노 차림의 연인들이 거리를 활보해 영락없는 일본 거리로 탈바꿈한다.

일본인이 구룡포에 진출한 것은 일본 정부가 가가와현 어부들에게 조선 출어를 허용한 1884년부터다. 어족 자원이 풍부한 구룡포는 가난한 일본 어부들에게 엘도라도와 같은 곳이었다. 1932년에는 이곳에 사는 일본인 가구 수가 300가구에 달했다고 하니 그들의 꿈이 이루어진 듯 보인다. 일본인 거주 지역에는 술집, 여관, 제과점, 심지어 백화점까지 들어섰다고 한다. 이를 보여주는 구룡포근대역사관은 구룡포에서 크게 성공한 하시모토 젠기치 가옥을 개조한 것이다. 1층에는 그의 집무실이 있어 당시 손님들이 끊임없이 드나들었다고 한다. 가옥 내부의 장식 기둥, 돌출 창문 등은 그가 일본에서 가져온 자재를 사용한 것으로 일본 가옥 특유의 절제미가 돋보인다.

하시모토 젠기치 가옥 주변 골목에는 짙은 갈색 목조건물이 다닥다닥 붙어 있다. 벽에는 가옥의 용도를 설명한 글과 옛 구룡포 사진이 함께 붙어 있어 당시 모습을 상상할 수 있다.

이 중 일심정은 80여 년 전에 소문난 요릿집이었다고 한다. 지금은 일본식 전통찻집인 '후루사토'로 이름이 바뀌어 운영 중이다. 골목에는 드라마〈여명의 눈동자〉촬영 장소였던 가옥도 있다.

마을에서 가장 높은 언덕에 자리한 구룡포아라공원 역시 일본인들이 조성했다. 계단과 돌기둥 등을 만들고 일본인 도가와 야스부로를 기념한 송덕비를 세웠다. 도가와 야스부로는 하시모토와 더불어 구룡포를 본격적인 일본인 어항으로 바꾼 장본인이다. 광복 이후 구룡포 지역 청년들이 송덕비에 적힌 내용을 시멘트로 덮어버렸다.

공원 너머에는 과메기의 유래를 알아보고 옛 구룡포 사람들의 삶을 간접 체험할 수 있는 구룡포과메기문화관이 자리한다. 이곳을 돌아보고 다시 구룡포아라공원에 닿으면 일본 어부들이 엘도라도라 여겼던 구룡포 근대문화역사거리 산책이 마무리된다.

(i) **간단 정보**

---

**가는 방법**  **대중교통** 포항시외버스터미널에서 200번 간선버스 승차 후 구룡포 근대문화역사거리 정류장 하차
**자동차** 내비게이션에 '구룡포항 또는 구룡포공용주차장, 구룡포 우체국(경상북도 포항시 남구 구룡포읍 구룡포리)' 검색

---

**코스 동선**  구룡포근대역사관⌒구룡포아라공원 입구⌒구룡포과메기문화관 ⌒구룡포항⌒아라광장
:길이 1.5km, 40분 소요
**문의** 구룡포과메기문화관 054-270-2861
　　　포항시청 관광진흥과 054-270-2372~4

1

2

1 일본 전통 의상을 입고 거리를 활보하는
  여행자들
2 일본의 어느 마을을 옮겨놓은 듯한 모습

구룡포항에서 그물 손질에 여념이 없는 어부

밤바다를 환하게 밝혔을 어화

## *더 많은 정보

### 맛집

구룡포는 과메기와 대게로 유명하다. 과메기는 흔히 술안주로 알려져 있으나 밥반찬으로도 일품이다.

**구룡수산싱싱과메기**(054-253-3007)는 잘 말린 과메기와 각종 야채, 초고추장 등을 포장해서 판매한다. 택배 주문도 가능하다.

**창우물회**(054-284-4312)는 따끈하게 쪄낸 싱싱한 대게와 각종 밑반찬이 푸짐하게 나온다.

## *같이 가면 좋은 여행지

### 포항 해파랑길 14코스, 선바우길

호미곶에서 차로 20여 분 달리면 호미반도의 선바우에 이른다. 선바우길은 동해면에서 출발해 구룡포, 호미곶, 장기면에 이르는 길이 58km의 해안 둘레길이다. 현재 선바우에서 마산리까지 약 700m 구간의 산책로가 개통되었다. 해안 산책로를 따라 늘어선 선바우, 여왕바위, 하선대, 배바위 등이 수석 전시장을 방불케 한다.

**주소** 경상북도 포항시 남구 동해면 호미로2790번길 41
**운영** 상시 개방
**요금** 무료

1

2

1 수석 전시장을 방불케
하는 선바우길
2 호미곶 해맞이광장에서
바라본 '상생의 손'

### 호미곶 해맞이광장

호미곶은 우리나라 최고의 일출 명소로 손꼽히는 곳이다. 호미곶의 명물은
청동 조형물인 '상생의 손'이다. 바다에 오른손, 맞은편 해맞이광장에 왼손
이 있다. 해맞이광장 왼쪽에 있는 국립등대박물관에는 등대의 역사와 아이
들이 좋아할 만한 체험거리가 준비되어 있다.

**주소** 경상북도 포항시 남구 호미곶면 대보리
**문의** 054-270-5855
**운영** 상시 개방
**요금** 무료

# 생각을 정리하며 호젓하게 걷는 길

머릿속에서 상념이 꼬리에 꼬리를 물고 이어질 때,
마음과 생각이 흐트러질 때, 갑자기 어디론가 떠나고 싶을 때는
누구에게나 있답니다.
그때 혼자서 걸어보면 지금껏 알지 못했던 세상이 말을 걸어올지 모릅니다.
혼자서도 충분히 행복할 수 있다고.

민족의 수난이 깃든 길

# 남한산성 둘레길 1코스

예부터 경기도에는 서울을 방어하는 네 곳의 요새가 있었다. 유네스코 세계문화유산에 등재된 남한산성도 그중 하나로 서울 동남쪽의 요새였다. 백제 온조왕 때 축성한 것으로 추정되며 조선 인조 때 대대적으로 수축해 지금의 모습으로 전해 내려오고 있다.

남한산성은 우리 역사에서 가장 치욕스러운 현장이기도 하다. 1636년 병자호란이 발발하자 인조는 병사를 이끌고 남한산성에서 항전했지만 고립무원을 이겨내지 못하고 삼전도에서 후금(청)에 굴욕적인 항복 의식을 행했다.

남한산성 대부분은 광주시 남한산성면 산성리에 속한다. 숲길을 따라 여러 갈래의 길이 실핏줄처럼 연결돼 있어 여행자의 여건에 따라 선택할 수 있다. 남한산성 걷기 코스는 모두 5개다. 1코스는 비교적 짧은 구간 안에서 문화재와 성곽 길을 즐기기 좋다. 산성종로(교차로)에서 출발해 남문에 도착하는 약 3.8km 길이의 코스다.

출발지인 산성종로를 벗어나 북문으로 향한다. 북문은 정조가 '전승문'이라 명한 문이다. 다시는 병자호란 같은 치욕을 당하지 말자는 뜻이 담겨 있다. 이 문을 지나면 성곽을 따라 서문으로 1km가량 길이 이어진다. 서문은 '우익문'이라고도 불리는데 인조가 삼전

1 조선 시대 인조가 신축하고 정조가
  개축한 전승문
2 과거 군사들을 지휘했던 수어장대

도에서 항복하기 위해 나섰던 문이라는 의미가 있다.

여기서 소나무 숲길을 따라 오르면 '서장대'라 불리는 수어장대에 이른다. 남한산성에는 4개의 장대가 있었는데 현재 남은 것은 이곳이 유일하다. 원래 단층이었던 것을 조선 영조 때 2층으로 증축했다. 물결치듯 흐르는 성곽을 따라 1km쯤 걸으면 '지화문'이라고도 불리는 남문에 닿는다. 지화문은 남한산성의 4대문 가운데 가장 규모가 크다. 병자호란 당시 인조가 이 문을 통해 산성에 들어왔다고 전해진다.

삼전도의 굴욕이 있은 날로부터 약 380년이 흐른 지금, 가을이 깃든 남한산성은 인조가 삼전도에서 흘린 선혈을 연상시키는 붉은 단풍으로 에워싸여 있다.

## (i) 간단 정보

**가는 방법**　　**대중교통** 수도권 지하철 8호선 산성역 2번 출구 앞에서 9번 시내버스 승차 후 남한산성 정류장 하차
　　　　　　　　**자동차** 내비게이션에 '남한산성(경기도 광주시 남한산성면 산성리 563)' 검색(남한산성 주변 공영 주차장 이용, 요금은 1,000원으로 선불)

**코스 동선**　　산성종로(교차로)⌒북문⌒서문⌒수어장대⌒영춘정⌒남문
　　　　　　　：길이 3.8km, 1시간 30분 소요
　　　　　　　**문의** 남한산성 세계유산센터 031-743-6610
　　　　　　　　　　광주시청 문화관광과 031-760-2468

만산홍엽에 둘러싸인 남한산성

## *더 많은 정보

### 맛집

남한산성 행궁 매표소 앞 남문안 로터리 인근에 소문난 맛집이 즐비하다. 남한산성 등산 후 몸보신하기에 좋은 메뉴로 구성되어 있다. 백숙, 닭볶음탕, 오리 요리가 많고 손두부나 산채 정식 같은 웰빙 음식도 내놓는다.

**낙선재**(031-746-3800)는 고풍스러운 한옥에서 닭볶음탕을 즐길 수 있는 곳이다. 주변 경치를 조망하며 식사할 수 있어 입맛이 절로 돋는다.

**초원의 집**(031-742-5449)은 1977년에 영업을 시작한 곳으로 구수한 누룽지 백숙과 쫀득한 감자전이 별미다.


## *같이 가면 좋은 여행지

### 남한산성 행궁

임금이 궁궐 밖으로 행차할 때 임시로 머물던 별궁이다. 병자호란이 발발하자 인조가 이곳을 행궁으로 사용했다. 총 227칸으로 이루어진 행궁은 화재로 전소됐으며 1999년부터 발굴 조사를 시작해 상궐, 좌전을 복원했다. 우리나라 행궁 중 종묘와 사직을 두고 있는 유일한 행궁으로 알려져 있다.

**주소** 경기도 광주시 남한산성로 935-9
**문의** 031-743-6610
**운영** 10:00~18:00
**요금** 일반 2,000원, 청소년 1,000원

**경안천습지생태공원**

경안천을 통해 팔당호 상수원으로 유입되는 오염 물질을 자연 친화적으로
걸러내기 위해 조성한 공원이다. 자연 필터 역할을 하는 수변 식물과 이곳에
서식하는 다양한 동식물을 함께 관찰할 수 있다. 잘 가꾼 산책로 주변의 나
무들은 계절마다 아름다운 옷으로 갈아입는다.

**주소** 경기도 광주시 퇴촌면 정지리
**문의** 031-760-3762
**운영** 상시 개방
**요금** 무료

1

2

1 남한산성 행궁에 가을이 깃들었다.
2 호젓하게 걸을 수 있는 경안천습지
  생태공원

길은 거리가 중요하지 않다

# 월정사 전나무 숲길

'전나무'는 나무에서 젖과 같은 액체가 나온다는 뜻에서 붙은 이름이다. 전나무는 살균 물질인 피톤치드를 다량으로 발산하는 것으로도 유명하다.

국내에서 전나무가 유명한 곳은 전라북도 부안의 내소사와 경기도 남양주의 국립수목원 그리고 강원도 평창의 오대산 월정사 전나무 숲길이다. 이를 '3대 전나무 숲'이라 부른다. 이 가운데 월정사 전나무 숲길은 오대산국립공원의 품에 안겨 있다.

월정사 전나무 숲길은 금강교에서 일주문까지 약 1km 남짓한 숲길로, 월정사 경내를 돌아보고 되돌아 나와도 3km가 채 되지 않는 짧은 거리다. 그럼에도 이 길을 '천년의 숲길'이라 부르는 까닭은 수령 80년 이상 된 1,800여 그루의 전나무가 천년 고찰과 함께 기나긴 세월을 지켜왔기 때문이다.

신라 시대에 중국 오대산에서 문수보살을 만나 깨우침을 얻은 자장율사가 643년 우리나라 오대산에 초막을 짓고 수행했는데 그것이 오늘날의 월정사가 되었다. 이 사찰은 여러 차례 전란을 겪으면서 건축물 대부분이 소실되고 팔각구층석탑(국보 제48-1호)과 석조보살좌상(국보 제48-2호)만 옛 모습 그대로 남아 있다. 나머지는 대부분 재건축한 것이다.

전나무 숲길에 발을 들이면 아무리 맑고 화창한 날이라도 어둑 어둑하게 느껴질 정도로 나무가 우거져 있다. 발을 내디딜 때마다 짙은 나무 향과 음이온이 뒤섞여 상념의 찌꺼기까지 깨끗이 정화되는 느낌이다.

2006년 태풍에 쓰러졌다는 전나무는 밑동만 남아 고사목이 된 채 아직도 제자리를 지키고 있다. 지금까지 살아 있었다면 510년 이상 된 최고령 할아버지 나무가 됐을 텐데 아쉽다. 이 전나무 대신 현재는 수령 370년이 넘은 전나무가 최고령 나무로 꼽힌다. 어른이 두 팔을 벌려 안을 수 없을 만큼 몸집이 굵다. 산보를 마칠 때쯤 문득 이런 생각이 든다. 길은 거리가 중요하지 않다고.

(i) **간단 정보**

| | |
|---|---|
| **가는 방법** | **대중교통** 진부공용버스정류장에서 월정사행 버스 승차 후 월정사 정류장 하차<br>**자동차** 내비게이션에 '월정사 전나무 숲(강원도 평창군 진부면 동산리)' 검색 |

| | |
|---|---|
| **코스 동선** | 월정사 매표소 ⌒ 월정사 일주문 ⌒ 전나무 숲길 ⌒ 월정사 경내<br>: 길이 1.5km, 40분 소요<br>**문의** 평창군청 문화관광과 033-330-2742 |

1 2006년 태풍에 쓰러진 전나무가
  고사목으로 남아 있다.
2 우람한 나무들이 호위하듯 서 있는
  숲길

# *더 많은 정보

### 맛집
월정사를 지나 민박 단지에 이르면 전나무 숲의 공기에 버금가게 몸에 좋은 음식을 내놓는 식당이 많다. 산채 정식과 연잎밥, 더덕구이 등이 주메뉴다. **흔들바위**(033-334-6788)는 손수 농사지은 식재료로 연구한 100여 가지 조리법으로 음식을 내놓는 식당이다. 다채로운 산채 정식에 눈과 입이 즐겁다. **선재길식당**(033-336-9696)은 장뇌삼을 시작으로 다양한 산나물과 밑반찬이 나와 젓가락질하기에 바쁘다.

# *같이 가면 좋은 여행지

### 평창무이예술관
폐교를 활용한 독특한 예술 전시관이다. 단순히 작품만 감상하는 공간에서 벗어나 작가들의 작업 활동을 눈으로 볼 수 있고, 직접 작품을 만드는 체험 공간도 있다. 운동장이었던 곳에 조성한 야외 조각 공원에는 100여 점의 작품이 전시되어 있다.

**주소** 강원도 평창군 봉평면 사리평길 233
**문의** 033-335-4118
**운영** 목~화요일 09:30~22:00(실내 전시관 09:30~18:00),
　　　수요일 09:30~18:00(수요일 카페 휴무)
**요금** 일반 2,000원, 만 65세 이상 또는 만 5세 미만 무료

1 평창무이예술관은 야외
   조각 공원이 일품이다.
2 이효석문학관은 메밀꽃
   이 한창인 9월에 찾으면
   더없이 좋다.

### 이효석문학관

이효석의 단편소설 〈메밀꽃 필 무렵〉은 교과서에 수록되어 우리 국민 대다
수가 알고 있는 작품이다. 소설의 배경이 된 곳이 강원도 평창의 봉평으로,
이효석 생가와 문학관 등이 자리해 있다. 가을날 책 한 권 들고 문학 산책을
나서기에 그만이다.

**주소** 강원도 평창군 봉평면 창동리 효석문학길 73-25
**문의** 033-330-2700
**운영** 5~9월 09:00~18:00, 10~4월 09:00~17:00
**요금** 일반 2,000원, 평창 군민 1,000원

숲이 있어 쉴 만하고 물이 있어 여유로운 전라남도 담양. 이곳은 예로부터 풍광이 빼어나 아름다운 정자가 많았다. 대표적인 곳으로 소쇄원과 식영정, 독수정을 꼽을 수 있다. 대부분은 광주호 주변 887번 지방도로를 따라 3~4km 반경에 흩어져 있다. 누정길은 이들 정자와 누각을 연결하는 길로 멋과 여유가 깃든 호젓한 길이다.

누정길은 식영정에서 출발한다. 조선 명종 때 서하당 김성원이 스승이자 장인인 석천 임억령을 위해 지은 정자다. 식영정은 '그림자가 쉬고 있는 정자'라는 뜻이 담겨 있다. 정자에서 내려다보는 광주호는 고즈넉하고 여유롭기 그지없다. 송강 정철은 여기서〈성산별곡〉과〈식영정 20영〉등을 저술했다. 식영정 옆에는 한국가사문학관이 있다.

조선 시대 시조와 함께 고전문학의 양대 축을 이루는 가사는 3·4조, 4·4조 율격의 노래 악보와 비슷하다. 오늘날 음률은 전해지지 않지만 당시 작품을 통해 선비들의 멋을 느낄 수 있다.

한국가사문학관 앞 충효교를 건너면 환벽당이 자리하고 맞은편에 취가정이 있다. 취가정에서 큰길을 따라 약 900m 걸어가면 소쇄원이 나온다. 소쇄원은 조선 전기 문인인 양산보가 속세를 떠나

1

2

3

1 산기슭에 자리한 독수정
2 소쇄원은 이야기꽃을 피우며 시름을 잊기에 그만인 곳이다.
3 소쇄원에 흐르는 물은 오곡류로 불린다.

경치 좋은 곳에서 은거 생활을 하기 위해 지은 별서로 유명하다. 특히 인공적으로 조성한 정원과 달리 자연미를 최대한 살린 조선 시대 최고의 원림으로 꼽힌다. 그래서 소쇄원을 '별서 원림'이라고도 부른다.

소쇄원 입구에서 대숲을 지나면 외딴섬처럼 광풍각이 자리해 있다. 그 뒤로 제월당이 살짝 비켜나 있다. 휴식이나 건강을 위해 천천히 걷는 게 산책이라면 소쇄원은 그 뜻에 가장 부합하는 곳이다.

887번 지방도로와 나란히 흐르는 중앙천을 따라 남면초등학교 방향으로 걷다 보면 산음교 건너 산기슭에 독수정이 자리해 있다. 여말선초, 두 나라를 섬길 수 없다던 전신민이 세운 정자다. 원림에는 숲이 우거져 있고 그 사이로 무등산이 아득히 자리한다.


(ⅰ) **간단 정보**

| | |
|---|---|
| **가는 방법** | **대중교통** 담양공용버스터미널에서 311번 버스 승차 후 농산물공판장 정류장 하차, 225번 버스로 환승해 한국가사문학관 정류장 하차, 56m 도보 이동<br>**자동차** 내비게이션에 '한국가사문학관(전라남도 담양군 남면 가사문학로 877)' 검색 |
| **코스 동선** | 식영정⌒한국가사문학관⌒충효교⌒환벽당⌒취가정⌒소쇄원⌒독수정<br>∶길이 4km, 1시간 30분 소요<br>**문의** 한국가사문학관 061-380-2700<br>　　　소쇄원 061-381-0115<br>　　　담양군청 관광레저과 061-380-3154 |

## * 더 많은 정보

### 맛집

대나무의 고장 담양은 대통밥과 떡갈비, 돼지갈비가 유명하다.

**한상근 대통밥집**(061-382-1999)은 대나무 향이 가득한 대통밥을 내놓는다. 이 집에서는 대통을 재활용하지 않기 때문에 밥에 죽력(대나무 진액)이 배어 특별한 맛을 낸다.

**담양애꽃**(061-381-5788)은 수제 떡갈비 전문 식당으로 음식이 정갈하다.

## * 같이 가면 좋은 여행지

### 담양 창평 슬로시티

각박한 도시 생활에 익숙한 현대인들에게 느리게 사는 즐거움이 무엇인지 느끼게 하는 슬로시티 마을이다. 전통 구조를 그대로 유지한 한옥부터 현대식으로 개조한 퓨전 한옥까지 다양한 한옥이 자리해 있다.

**주소** 전라남도 담양군 창평면 돌담길 56-24
**문의** 061-383-4807
**운영** 상시 개방
**요금** 무료

### 죽녹원

담양은 예부터 대나무로 각종 물품을 만들어 파는 시장이 형성될 만큼 대나무가 흔한 곳이다. 오늘날 대나무 숲은 몸과 마음을 치유하는 음이온이 풍부한 숲으로 주목받고 있다. 죽녹원은 2003년부터 조성하여 31만㎡ 규모의 울창한 대나무 숲을 자랑하는, 담양을 대표하는 관광 명소다.

**주소** 전라남도 담양군 담양읍 죽녹원로 119
**문의** 061-380-2680
**운영** 09:00~18:00
**요금** 일반 3,000원, 청소년·군인 1,500원, 초등학생 1,000원

| 1 |
| 2 |

1 죽녹원의 대나무 숲은 음이온이 풍부해 심신을 치유하는 숲으로 알려져 있다.
2 담양 창평 슬로시티에서는 시간마저도 느리게 가는 것 같다.

## 창덕궁 후원

조선 왕실의 비밀 정원

서울

＊

왕조 시대의 모든 권력은 왕으로부터 나왔다. 그만큼 왕이 머무는 궁궐은 가장 권위 있는 공간이었다. 서울에는 조선 5대 궁궐이 모여 있다. 그 가운데 창덕궁은 조선 궁궐의 정수로 꼽힌다. 그 이유는 왕실의 정원, 후원의 특별함 때문이다.

창덕궁 후원은 중국의 이화원(頤和園), 일본의 가쓰라리큐(桂離宮)와 함께 아시아 3대 정원으로 꼽힌다. 창덕궁은 중국이나 일본의 정원과 달리 1406년에 조성한 이래 600년 이상 자연환경을 그대로 보존한 것이 특징이다. 후원은 자연환경에 인공미를 더했지만 조화로우며 사시사철 아름다운데 그중 으뜸은 가을이다. 특히 비 오는 가을날이면 숲속에서 새소리까지 들려와 운치를 더한다.

후원에 들어가려면 성정각과 낙선재 사이로 나 있는 야트막한 오르막을 올라야 한다. 오르막 마루에서 내려다보는 풍광은 한 폭의 진경산수화를 보는 듯하다. 특히 후원에서 가장 넓은 면적을 차지하는 부용지는 '하늘은 둥글고 땅은 모나다'는 천원지방설에 근거하여 땅을 뜻하는 네모난 연못을 파고, 그 가운데 하늘을 뜻하는 둥근 섬을 조성했다. 주변에는 왕족들이 휴식을 취하거나 독서를 하던 부용정, 왕실 도서를 보관하는 규장각 주합루, 과거 시험을 보던 영화당

⌒⌒ 생각을 정리하며 호젓하게 걷는 길

이 있다. 영화당은 후원의 여러 누정 가운데 유일하게 관람객이 직접 올라갈 수 있다.

북쪽으로 발길을 향하면 연꽃을 특히 좋아했던 숙종 때 지은 애련지가 기다린다. 그 너머에는 사대부 가옥을 본떠 지은 연경당이 있다. 연경당은 120칸에 이르는 대저택이지만 궁궐에 비하면 소박한 멋이 느껴진다. 특히 화려한 단청이 없어 은은함이 묻어난다.

완만한 경사로를 내려오면 여러 정자가 한곳에 모여 있는 존덕정 일원이다. 지붕이 이중으로 된 존덕정, 부채꼴 모양의 관람정 등 왕족들이 한껏 여유를 즐겼을 정자가 여러 채 자리해 있다. 마지막으로 옥류천 일원에 도착하면 후원 걷기가 마무리된다. 임금은 이곳에서 직접 농사를 체험해보고 백성들의 삶을 이해하는 공간으로 활용했다. 1시간 남짓 조선 궁궐의 정수 창덕궁을 내 집 뜰처럼 산책할 수 있다니. 이만한 호사가 또 있을까 싶다.

**(i) 간단 정보**

---

**가는 방법**　　**대중교통** 수도권 지하철 3호선 안국역 1번 출구에서 창덕궁 삼거리 방향으로 5분 정도 걸어가면 경복궁 돈화문이 보인다. 창덕궁 안으로 들어가면 후원 입구가 나온다.

---

**코스 동선**　　함양문⌒부용지⌒불로문⌒애련지⌒존덕정⌒옥류천⌒연경당
　　　　　　　⌒돈화문
　　　　　　**；**길이 3km, 1시간 30분 소요
　　　　　　**문의** 창덕궁 관리소 02-3668-2300

　　　　　*tip.* 창덕궁 후원 관람은 인터넷(www.cdg.go.kr)에서 예약해야 한다. 예약은 관람 희망일 6일 전 오전 10시부터 선착순으로 진행하며 관람 당일 매표소에서 결제한다. 해설사가 동행하는 시간 제한 관람으로 운영한다.

1 관람지를 배경으로 한 관람정
2 옥류천으로 가는 숲길

민가를 본떠 지은 연경당 행랑채

## *더 많은 정보

### 맛집

**이문설농탕**(02-733-6526)은 100년이 넘는 역사를 가진 곳으로 우리나라에서 가장 오래된 설렁탕집이다. 1902년 처음 문을 열어 서울특별시 요식업 허가 1호라는 기록을 가지고 있다. 이곳 설렁탕의 특징은 국물이 맑다는 점이다. 설렁탕 국물을 넣어 담근 시원한 깍두기와 김치가 제대로 입맛을 돋운다. **깡통만두**(02-794-4243)는 맛있는 만두와 칼국수로 유명하다. 매일 아침 직접 뽑은 생면과 손수 빚은 만두, 12시간 우려낸 사골 육수를 기본으로 음식을 내놓는다. 수도권 지하철 3호선 안국역 2번 출구와 가깝다.

## *같이 가면 좋은 여행지

### 인사동 거리

북촌과 종로 사이에 위치한 인사동 거리는 조선 시대 중인들이 많이 살던 곳이다. 1980년대 이후 골동품, 고미술, 화랑, 고가구점, 화방 등 민속공예품이 거래되며 서울을 대표하는 전통문화의 거리가 됐다. 외국인이 많이 찾는 명소로 쇼핑과 맛집, 갤러리 투어를 즐길 수 있다.

**주소** 서울특별시 종로구 인사동길 62
**문의** 인사동 관광안내소 02-734-0222
**운영** 상시 개방
**요금** 무료

**북촌한옥마을**

북촌한옥마을은 조선 시대 고관대작과 왕족, 사대부가 거주했던 곳으로 서울의 대표 전통 주거지역이다. 경복궁과 창덕궁 사이 북악산 기슭에 자리 잡아 종로 윗동네라는 뜻으로 북촌이라 불린다. 사적과 문화재 민속자료가 많아 도심 속 거리 박물관처럼 느껴진다.

**주소** 서울특별시 종로구 계동길 37
**문의** 02-2133-1372
**운영** 상시 개방
**요금** 무료

1

2

1 인사동 거리는 서울을 대표하는 전통문화의 거리다.
2 '도심 속 거리 박물관'이라 불리는 북촌한옥마을

잣나무와 1,500종 식물의 천국

# 장흥자생수목원

경기도 북부에 자리한 양주는 서울에서 불과 1시간 안팎이면 닿는 곳으로 주말 나들이하기에 좋은 곳이다. 특히 계곡이 있는 장흥면은 1980~1990년대 대학생들의 MT 장소나 기업체 야유회 장소로 인기를 끌었다. 그러다 러브호텔이 급격히 늘어나면서 사람들의 관심에서 점점 멀어졌다. 그런데 몇 해 전부터 미술관, 천문대, 조각 공원 등이 들어서기 시작하면서 가족 여행지로 새롭게 인기를 얻게 되었다. 그 중심에 자리한 곳이 장흥자생수목원이다.

장흥자생수목원은 자연 생태 수목원으로 형제봉 자락 23만㎡ 규모의 자연림에 조성했다. 국제 규격 축구장 32개 이상의 규모다. 수목원을 거닐다 보면 자연 생태계를 고려한 동선이 돋보인다.

이곳의 자랑은 수령 100년이 넘은 잣나무 숲이다. 울창한 잣나무 숲은 오솔길과 원시림, 숲속쉼터, 자연생태관찰원, 나비원, 분재원 등 17개의 다양한 주제원으로 나뉜다. 숲길에는 원두막과 정자, 흔들의자 등이 마련되어 있어 유유자적 산책을 즐기기 좋다. 봄에는 거대한 잣나무 틈에서 어린 야생화가 잠에서 깨어나고, 여름철 계류원에서는 졸졸졸 흐르는 계곡물 소리가 무더위를 식혀준다. 천연 물감으로 덧칠한 것 같은 가을에는 색동옷을 입은 듯 화려하다. 눈이

| 1 |
|---|

| 2 |
|---|

1 호젓하게 데이트를 즐기기 좋은
장흥자생수목원
2 시골의 정취가 느껴지는 풍경

소복이 쌓인 겨울의 정취 또한 고즈넉하고 평화롭다.

깊은 숲길을 걷고 싶다면 둘레길로 조성된 자연생태관찰로가 좋다. 철쭉동산을 지나 수목원 외곽을 에두른 길인데 찾는 사람이 상대적으로 적다. 평탄한 길을 따라 걷다 보면 작은 옹달샘이 나오고 더 올라가면 형제봉으로 가는 등산로와 이어진다. 이곳에서는 아이들을 대상으로 숲 체험 프로그램을 운영하니 가족 동반 여행자라면 참여해도 괜찮겠다.

## (i) 간단 정보

| 가는 방법 | **대중교통** 교외선 장흥 기차역에서 15번 마을버스 승차 후 돌고개 또는 신털뫼 정류장 하차 <br> **자동차** 내비게이션에 '장흥자생수목원(경기도 양주시 장흥면 권율로 309번길 167-35)' 검색 |
|---|---|
| 코스 동선 | 장흥자생수목원 매표소⌒구름다리⌒전망대⌒삼림욕장⌒자연생태관찰원⌒고산식물원⌒계절테마원⌒삼림욕장⌒장흥자생수목원 매표소 <br> ː길이 2.5km, 1시간 30분 소요 <br> **문의** 장흥자생수목원 031-826-0933 <br> 양주시청 문화관광과 031-8082-5650 |

나무 데크가 놓여 있어 편히 걸을 수 있다.

사색과 명상을 즐기기에 그만인 쉼터가 여럿 있다.

## ✳더 많은 정보

### 맛집
양주는 서울 근교 여행지로 프랜차이즈 본점이 많다.

**송추 가마골 본점**(031-826-3311)은 소갈비를 진하게 우려낸 갈비탕으로 유명하다. 식당 앞에 냇물이 흐르는 휴식 공간이 있어 잠시 쉬어 가기 좋다.

**돈까스클럽 본점**(031-843-1235)은 국내산 특등심을 사용하여 돈가스를 만든다. 자체 개발한 특제 소스가 맛있다.

**오랑주리**(070-7755-0615)는 마장호수 근처의 예쁜 디저트 카페다. 외부는 물론 실내까지 다양한 수목으로 꾸며놓아 식물원을 방불케 한다. 특히 내부는 암석과 연못, 징검다리 등으로 꾸밀 만큼 규모가 상당하다.

## ✳같이 가면 좋은 여행지

### 송암스페이스센터
국내 최초로 순수 우리 기술로 만든 600mm 천체망원경이 이곳의 자랑거리다. 돔 시어터로 제작한 디지털 플라네타리움관은 비가 오거나 흐린 날에도 실내에서 우주를 경험할 수 있도록 생생한 입체 영상을 제공한다.

**주소** 경기도 양주시 장흥면 권율로185번길 103
**문의** 031-894-6000
**운영** 화~금요일 11:00~19:00(단체 운영, 일반 관람 불가),
　　　 토요일 11:00~19:00(일요일·월요일 휴무)
**요금** 스타 이용권(천문대 이용권+케이블카 왕복 1회권+플라네타리움 1회 관람권)
　　　 어른 35,000원, 초·중·고등학생 31,000원, 4세~유치원생 27,000원

### 청암민속박물관

어릴 적 추억을 되짚어볼 수 있는 소품으로 가득한 곳이다. 중장년층에게는 향수를 불러일으키고 젊은 층에게는 색다른 재미를 준다. 눈으로 보는 것뿐만 아니라 옛날 옷을 입어보고 옛날 간식도 먹어보고 기념사진을 찍을 수 있는 체험거리도 마련되어 있다.

**주소** 경기도 양주시 장흥면 권율로 83-5
**문의** 031-855-5100
**운영** 10:00~18:00
**요금** 일반 5,000원, 어린이(3세 이상) 3,000원

| 1 | 2 |

1 아이들에게 인기 있는 송암스페이스센터의 천체 관측 프로그램
2 향수와 추억이 넘치는 청암민속박물관

파도 소리 들으며 느릿느릿 걷기 좋은
# 삽시도 둘레길

충청남도 서해안에는 크고 작은 섬이 많다. 그 가운데 삽시도는 충청남도에서 세 번째로 큰 섬으로 면적이 3.8㎢이다. 보령 대천 연안여객선터미널에서 배를 타고 40분 정도 가면 삽시도에 닿는다. 이곳에는 면삽지와 물망터, 황금곰솔을 돌아보는 약 5km 구간의 둘레길이 있다.

삽시도 둘레길 여행은 삽시도 선착장에서 출발한다. 이후 마을로 접어들면 마을 곳곳에 그려진 예쁜 벽화가 섬 여행을 더욱 들뜨게 한다. 마을을 벗어나자 야트막한 언덕이 기다린다. 그 너머엔 넓게 펼쳐진 진머리해수욕장이 자리한다.

갯벌에서 조개를 잡고 갯바위 틈에선 고둥을 잡는 등 체험 활동을 할 수도 있다. 해변을 뒤로하고 면삽지 이정표를 따라 걸어가면 솔향이 그윽한 솔숲에 이른다. 조붓한 오솔길 중간중간 전망대와 쉼터가 있어 느림보처럼 걷기에 좋다. 잔잔한 파도 소리를 배경음악 삼아 걷는 발걸음에 여유가 묻어난다.

길섶 오른쪽에 해안으로 내려가는 나무 계단이 있다. 그 아래가 면삽지다. 이곳에서 물때에 따라 하루 두 번 삽시도와 면삽지가 이별했다가 다시 만나기를 반복한다. 그사이 탐방객들은 바다가 갈라

진머리해수욕장에서 바라본 면삽지

황금곰솔이 군락을 이루는 숲길

지는 모세의 기적을 볼 수 있을 뿐만 아니라 해식동굴과 기암괴석이 연출하는 각양각색의 장면을 구경할 수 있다.

다음 목적지는 밀물 때 바닷물에 잠겨 있다가 썰물 때 맑은 생수가 샘솟는 물망터다. 고여 있는 물을 퍼내면 순식간에 맑은 물이 솟아나 웅덩이를 메워버린다. 정말 생수가 맞는지 확인하려는 사람들이 물을 떠 마셔보기도 한다.

마지막 구간은 황금곰솔 숲길이다. 황금곰솔은 솔잎이 황금색을 띠는 돌연변이종으로 해 질 녘에 보면 또렷하게 황금색을 발한다. 황금곰솔 숲길에서 금송사 쪽으로 1km 정도 걸어가면 밤섬해수욕장이 나온다. 깨끗한 모래사장이 펼쳐진 고즈넉한 해변이다. 해변 왼쪽 끄트머리에 있는 밤섬선착장에 닿으면 삽시도 둘레길 코스가 마무리된다.


## (i) 간단 정보

| | |
|---|---|
| **가는 방법** | **대중교통** 대천해수욕장시외버스터미널에서 100번 버스 타고 대천연안여객선터미널에서 하차 후 배를 타고 삽시도로 이동<br>**자동차** 내비게이션에 '대천연안여객선터미널(충청남도 보령시 대천항중앙길 30)' 검색 |
| **코스 동선** | 진머리해수욕장⌒면삽지⌒물망터⌒황금곰솔 숲길⌒밤섬해수욕장⌒밤섬선착장<br>:길이 5km, 2시간 40분 소요<br>**문의** 대천연안여객선터미널 1666-0990<br>　　　보령 오천면사무소 041-932-4301<br>　　　보령시청 관광과 041-930-3520 |

## *더 많은 정보

### 맛집

보령에서는 '보령 8미'에 드는 꽃게장이 유명하다. 서해안의 풍부한 꽃게와 손맛이 만나 감칠맛 도는 꽃게장이 탄생했다. 바지락 칼국수도 보령에서 꼭 맛봐야 하는 음식이다.

**보령해물칼국수**(041-931-1008)는 현지인들에게 소문난 집이다.

한때 보령에는 탄광촌이 있었다. **갱스커피**(041-931-9331) 건물은 그때 광부들이 목욕탕으로 이용했던 곳을 카페로 개조한 곳이다. 빈티지한 멋에 탁 트인 전망까지 갖춰 인생 사진을 남기려는 여행자들이 많이 찾는다.

## *같이 가면 좋은 여행지

### 대천해수욕장

해운대해수욕장, 경포대해수욕장과 더불어 우리나라 3대 해수욕장이라 불린다. 그 위상에 걸맞게 백사장 길이가 3.5km, 폭이 100m에 달하는 대형 해수욕장이다. 경사가 완만하고 수심이 얕으며 수온이 높아 아이들이 물놀이 하기에 적당하다. 이곳에서 매년 7월이면 대표 여름 축제로 자리매김한 보령 머드축제가 열린다.

**주소** 충청남도 보령시 신흑동 1029-3
**문의** 041-933-7051
**운영** 상시 개방
**요금** 무료

## 개화예술공원

18만m²의 넓은 부지에 모산조형미술관, 바람공원, 육필시공원, 화인음악당, 허브랜드가 들어서 있다. 야외 조각 공원에는 조각상, 비림, 시비 등 1,500여 점의 작품이 전시되어 있을 정도로 우리나라 어디에서도 찾아보기 어려운 큰 규모를 자랑한다.

**주소** 충청남도 보령시 성주면 개화리 177-2
**문의** 041-931-6789
**운영** 09:00~18:00
**요금** 일반 5,000원, 학생·어린이 3,000원, 보령 시민 무료

1

2

1 대표 여름 축제로 자리 잡은 보령머드축제가 열리는 대천해수욕장
2 다채로운 작품을 만날 수 있는 개화예술공원

생각을 정리하며 호젓하게 걷는 길

## 천재 화가의 산책로
# 이중섭 유토피아로

가족을 향한 그리움에 고독하게 생을 마감한 천재 화가 이중섭. 부농의 집안에서 자란 그는 일본 유학 시절 일본 여성 마사코를 만났다. 그들은 해방되던 해에 함경남도 원산에서 결혼해 두 아들을 얻었지만 한국전쟁과 함께 시련이 닥쳤다. 1·4후퇴 때 피란해 부산을 거쳐 서귀포에 정착해 살았던 일 년의 세월. 화가 이중섭은 그때가 가난하고 배고픈 시절이었지만 가족이 함께여서 가장 행복했다고 한다.

그가 활동하던 거리가 현재 '유토피아로'로 꾸며졌다. 이중섭미술관을 출발해 지역의 미술관과 공원 등을 돌아보는 4.9km 코스다. 이중섭을 비롯한 여러 작가들이 서귀포에 머물며 불후의 명작을 남겼는데 구간마다 그들의 자취가 남아 있다.

핵심 구간인 이중섭거리는 매일올레시장, 이중섭미술관, 이중섭 거주지로 이어지는 약 350m 길이다. 크고 작은 공방이 다닥다닥 붙어 있는 이 길에는 60여 년 전에 문을 연 서귀포 최초의 극장도 남아 있다. 지금은 영화 상영은 물론이고 공연장, 갤러리 등의 기능도 하는 복합 문화 공간으로 변했다. 걸음을 옮기는 동안 눈여겨볼 만한 것이 제법 있다. 거리 곳곳에 자리한 허름한 담벼락에는 벽화가

1 1.4평 골방에 놓인 이중섭 사진
2 이중섭이 서귀포에서 피란 생활을 했던 거주지
3 걷기 코스 중 자구리해안 구간에 설치된 이중섭의
   작품 〈게와 아이들-그리다〉

그려져 있다. 7080세대를 위한 추억의 벽화부터 젊은 층이 사진 배경으로 좋아할 만한 예쁜 벽화까지 다양하다.

이중섭이 세를 얻어 살던 방은 길쭉하게 생긴 1.4평 골방이다. 방에는 〈소의 말〉이라는 시가 적힌 액자가 걸려 있다. "삶은 외롭고 서글프고 그리운 것. 아름답도다. 여기에 맑게 두 눈 열고 가슴 환히 헤치다."

모로 누워야 한 가족이 잠을 잘 수 있을 만한 소잡하고 초라한 방에 걸린 시라니. 시를 읽는 내내 가슴이 먹먹하다. 고달픈 삶이지만 희망을 잃지 않았던 제주 생활. 그리고 가족과 헤어진 절망의 순간들. 이중섭미술관에는 짧은 생을 살다 간 작가의 일생과 아내와 주고받은 연서가 고스란히 남아 애달픈 마음을 더한다.

## (i) 간단 정보

| 가는 방법 | **대중교통** 제주국제공항에서 600번 공항버스 승차 후 뉴경남호텔 정류장 하차<br>**자동차** 내비게이션에 '이중섭미술관(제주특별자치도 서귀포시 이중섭로 27-3)' 검색 |
| --- | --- |
| 코스 동선 | 이중섭미술관⌒기당미술관⌒칠십리시공원⌒자구리해안⌒소남머리⌒서복전시관⌒소정방⌒소암기념관⌒이중섭공원<br>꞉길이 4.9km, 3시간 30분 소요<br>**문의** 이중섭미술관 064-760-3567<br>　　　서귀포 종합관광안내소 064-732-1330<br>　　　서귀포시청 관광과 064-760-2651 |

## *더 많은 정보

### 맛집

이중섭거리에는 흑돼지구이 맛집이 옹기종기 모여 있다.

**대윤흑돼지**(064-732-2953)에서는 육즙 많은 두툼한 제주산 흑돼지를 연탄불에 구워 먹을 수 있다.

**흑돈오리**(064-732-8892)는 참나무 장작에 초벌구이한 흑돼지를 무한 리필해 먹을 수 있는 곳이다.

양이 푸짐한 가성비 좋은 횟집을 찾는다면 **쌍둥이횟집**(064-762-0478)이 제격. 모둠 해산물을 맛보면 서귀포 바다를 옮겨놓은 듯 감탄이 절로 나온다.

## *같이 가면 좋은 여행지

### 정방폭포

천제연폭포, 천지연폭포와 함께 제주도 3대 폭포라 불린다. 높이 23m, 너비 10m에 달하는 대형 수직 폭포다. 뭍에서 바다로 직접 떨어지는, 우리나라는 물론 동양권에서도 단 하나뿐인 폭포다. 올레길 6코스에 포함된다.

> **주소** 제주특별자치도 서귀포시 칠십리로214번길 37
> **문의** 064-733-1530
> **운영** 09:00~18:00(일몰 시간에 따라 유동적)
> **요금** 일반 2,000원, 청소년·어린이·군인 1,000원

**새섬**

규모가 작은 섬으로 갈대숲, 연인의 길, 언약의 돌, 바람의 언덕 등이 있어 소
소한 재미를 느끼며 걸을 수 있는 곳이다. 2009년 새연교가 놓이면서 육지
와 연결된 서귀포의 명소다. 새연교는 야경이 특히 아름다워 저녁 식사 후
산책하기 좋다.

> **주소** 제주특별자치도 서귀포시 서홍동
> **문의** 064-760-2761
> **운영** 상시 개방
> **요금** 무료

1

2

1 뭍에서 바다로 직접 폭포수가 떨
어지는 정방폭포
2 야경이 아름다운 새섬의 새연교

〰〰 생각을 정리하며 호젓하게 걷는 길

# 도란도란 이야기하며 걷는 길

말하지 않아도 통하는 사람,
기쁠 때보다 아프고 힘들 때 나를 찾아주는 사람,
함께 있는 것만으로도 즐거워지는 사람.
이런 사람이 곁에 있다면 당신은 참 행복한 사람입니다.
그와 보폭을 맞춰가며 함께 걸어보세요.

고향의 옛 모습을 그대로 간직한 곳
# 외암민속마을 고샅길

도시에서 나고 자란 아이들에게 고향이라는 말은 낯설다. 아이들의 고향은 현대식 아파트인 경우가 많기 때문이다. 그럼에도 고향이라는 말에 정서적으로 공감하는 이미지들이 있다. 초가집, 아궁이, 장독대, 돌담길 등이 그것이다.

충청남도 아산 설화산 아래에 자리한 외암민속마을은 고향의 이미지를 한눈에 볼 수 있는 곳이다. 이 마을이 형성된 시기는 지금으로부터 약 500년 전 예안 이씨 일가가 이 지역에 거주하면서부터다. 지금은 마을에 80여 가구가 전통을 보존하며 살고 있다. 마을 고샅길(시골 마을의 좁은 골목길)을 사이에 두고 집집마다 쌓아 올린 돌담장은 정겨움을 더한다.

초가집 일색인 마을이지만 번듯한 기와집도 몇 채 있다. 송화댁, 교수댁, 참판댁, 참봉댁, 영암댁 등 택호(벼슬 또는 고향의 지명을 붙여서 집을 부르는 말)로 불리는 고택들이다. 규모가 큰 기와집의 돌담은 성벽처럼 위엄 있어 보인다. 높은 것은 어른 키보다 높고 낮은 것은 어른 가슴 정도 높이다. 마을 중앙에는 600년 수령의 느티나무가 서 있다. 마을에서 가장 큰 나무로 키가 무려 21m나 되고 허리둘레는 5.5m가 넘는다. 돌담길은 느티나무를 중심으로 방사형으로 뻗어 있다. 돌담의 길이를 모두 합치면 약 6km에 달한다.

　마을에서 가장 운치 있는 산책로 구간은 건재고택 돌담길이다. 긴재고택은 우리나라 100대 정원에 꼽힐 만큼 아름답다고 한다. 하지만 개인 소유여서 들어갈 수 없었는데 최근 아산시에서 매입하여 앞으로 대중에게 공개할 예정이라고 한다(2020년 1월 전면 개방 예정). 정원 내부를 볼 수 없는 아쉬움을 달래주려는 걸까. 건재고택의 키큰 나무가 악수를 청하듯 돌담 밖으로 가지를 뻗고 있다. 마을 사람들은 이 돌담길을 걸으면 사랑이 이뤄진다는 팻말까지 세워놓았다. 일명 '사랑이 이루어지는 길'이다. 마을은 1시간이면 충분히 돌아볼 수 있을 만큼 아담하다. 옆길로 빠져도 길 잃을 염려가 없다. 걷다 보면 어느새 다시 제자리로 돌아오게 되니까.

## (i) 간단 정보

| | |
|---|---|
| **가는 방법** | **대중교통** 수도권 지하철 1호선 온양온천역에서 100번 간선버스 승차 후 송악면환승센터 정류장 하차, 259m 도보 이동<br>**자동차** 내비게이션에 '외암민속마을(충청남도 아산시 송악면 외암민속길9번길 13-2)' 검색 |
| **코스 동선** | 외암민속마을 매표소⌒신창댁⌒건재고택⌒송화댁⌒참판댁⌒음식 체험장⌒풍덕고택<br>:길이 1.5km, 30분 소요<br>**문의** 외암민속마을 041-541-0848<br>　　　아산시청 문화관광과 041-540-2631 |

1 외암민속마을에 봄이 한창 무르익고 있다.
2 송화댁 정원에 서 있는 문인 석상
3 정교하게 쌓은 돌담이 6km 정도 이어진다.

건재고택을 향해 기지개를 켜듯 자란 은행나무

마을 중심에 자리한 수령 600년 된 느티나무

## *더 많은 정보

### 맛집

외암민속마을 내에서 식사가 가능하다.

**신창댁**(041-543-3928)은 직접 뜬 청국장과 각종 나물 반찬으로 푸짐한 시골 밥상을 내놓는다. 아담한 마당이 있는 황토 초가집에 앉아서 밥상을 받으면 마치 외갓집에 온 기분이 든다.

금강이 지척인 아산은 민물 매운탕이 맛있다. **금강민물매운탕**(041-546-6264) 은 생물로 요리해 국물 맛이 일품이다. 이 외에 각종 잡어를 푹 끓여 만든 어 죽도 인기 메뉴다.

## *같이 가면 좋은 여행지

### 지중해마을

이국적인 지중해 연안의 건축물을 콘셉트로 마을 전체를 조성했다. 파르테 논 신전 양식의 웅장한 건물, 그리스 산토리니섬의 건물처럼 푸른 지붕을 올 린 건물, 목가적인 프로방스풍 건물이 구역마다 모여 있다. 마을 곳곳에 레스 토랑과 카페, 상점이 들어서 있다. 저녁이나 주말에는 외식을 나온 가족과 연인들이 많이 찾는다.

**주소** 충청남도 아산시 탕정면 탕정면로8번길 55-7
**문의** 041-547-2246
**운영** 상시 개방
**요금** 무료

## 공세리성당

120년 넘는 역사를 자랑하는 유서 깊은 성당이다. 조선 시대 충청·전라·경상도 일대에서 거둔 쌀을 보관하던 공세 창고 자리에 1922년 프랑스 선교사가 중국 기술자를 데려와 성당을 지었다. 2005년에 한국관광공사가 대한민국을 대표하는 가장 아름다운 성당으로 선정했다. 350년이 넘는 국가 보호수가 네 그루나 있어 계절마다 고색창연한 옷으로 갈아입는다.

**주소** 충청남도 아산시 인주면 공세리성당길 10
**문의** 041-533-8181
**운영** 상시 개방
**요금** 무료

1　2

1 맛집과 편집숍 등이 즐비한 지중해마을
2 이국적인 풍경 덕에 사진 출사지로 인기 있는 공세리성당

천년의 세월을 베고 누운 숲

# 상림

지리산 자락에 자리한 경상남도 함양은 인구 5만 명이 채 되지 않는 소읍이다. 예부터 마을을 가로지르던 위천이 자주 범람해 백성들의 피해가 심했다. 이를 안타깝게 여긴 함양 태수 최치원이 위천에 둑을 쌓고 나무를 심어 강물의 물길을 돌리고자 조성한 것이 오늘날의 상림이다. 그때가 신라 시대였으니 상림은 우리나라 최초의 인공 조림인 셈이다.

상림을 돌아보는 산책로는 세 갈래로 나누어진다. 위천 둑길과 나무가 우거진 숲길, 그 바깥으로 수생식물이 자라는 습지생태길이다. 그중 가장 걷기 좋은 길은 숲길이다. 거리는 1.4km에 이르고 위천을 끼고 있어 나무가 자라기 좋은 환경이다. 화장실, 체력 단력장, 쉼터 등 편의 시설도 잘 갖춰져 있어 가족 나들이 장소로 안성맞춤이다. 게다가 뜨거운 햇볕이 땅에 닿지 않을 정도로 숲이 울창해 자연을 느끼며 산책하기 딱 좋다.

숲길 초입에 '사랑나무'라 부르는 연리지가 있는데 부부와 연인들의 단골 포토존이다. 길섶에는 너비 1m 정도 되는 작은 도랑이 흐른다. 숲길에는 너른 공터도 있는데 함양 읍성의 남문이었던 함화루를 옮겨다 놓았다. 함화루를 지나 물레방앗간을 향해 걷다 보면 숲

| 1 |

| 2 |

| 3 |

1 5~6월이면 상림에 양귀비꽃이 만발한다.
2 상림 숲 중간 지점에 있는 함화루
3 고혹적인 자태를 뽐내는 양귀비꽃

속에 최초로 상림을 조성한 최치원을 기리는 신도비가 있다. 그 주변에는 쉬어 가기 좋은 정자와 벤치도 놓여 있다.

상림의 사계는 뚜렷하다. 봄에는 싱그러운 연둣빛으로 물들고 여름에는 짙은 녹음이 넉넉한 그늘을 만들어준다. 나무 아래에서 자라는 붉은 꽃무릇도 빼놓을 수 없는 볼거리다. 숲길의 수종 대부분이 낙엽활엽수인 덕에 가을에는 고운 색동옷으로 갈아입는다. 겨울에는 하얀 솜이불을 덮은 것처럼 지면이 포근하다. 상림의 사계절 중 가을이 백미인데 가을날 낙엽 밟는 소리는 졸졸졸 흐르는 물소리나 새들이 지저귀는 소리보다 낭만적이다. 숲길 끝자락에서는 물레방아가 단풍과 어우러져 가을의 서정을 그려낸다. 물레방아는 함양 안의현감을 지낸 연암 박지원이 청나라를 여행하고 와서 함양에 최초로 물레방아를 만든 것을 기념해 지은 것이다.

(i) **간단 정보**

| | |
|---|---|
| **가는 방법** | **대중교통** 상림시외버스터미널에서 상림까지 도보 15분<br>**자동차** 내비게이션에 '함양상림(경상남도 함양군 함양읍 운림리)' 검색 |
| **코스 동선** | 상림 주차장⌒상림 숲길 물레방아⌒습지생태길⌒상림 주차장<br>ː길이 2.5km, 1시간 소요<br>**문의** 함양 관광안내소 055-960-5756 |

천년의 숲답게 매우 울창한 상림

## *더 많은 정보

### 맛집

함양은 지리산 기슭에서 채취한 약초시장과 우시장이 크게 열리며 갈비찜과 갈비탕이 유명하다. 안의면 광풍로에 갈비탕집 10여 곳이 모여 있다.

**안의원조갈비집**(055-962-0666)은 한우 갈비탕이 주메뉴로 맑고 군더더기 없는 국물 맛이 일품이다.

**늘봄가든**(055-962-6996)은 정성 가득한 오곡밥 정식을 내놓는다. 최상의 재료를 사용한 건강한 자연 밥상으로 든든하게 한 끼 챙길 수 있다.

## *같이 가면 좋은 여행지

### 개평한옥문화체험휴양마을

500여 년의 역사를 간직한 마을답게 문화재로 등록된 고택이 많은 곳이다. 그중 일두 정여창 고택은 2013년 문화체육관광부로부터 명품고택으로 지정받아 한옥 숙박 체험 프로그램을 운영 중이다. 드라마〈미스터 선샤인〉의 촬영지로 알려진 이후 찾는 여행자가 더 늘었다.

**주소** 경상남도 함양군 지곡면 개평길 59
**문의** 055-963-9645
**운영** 상시 개방
**요금** 무료

### 선비문화탐방로

예로부터 함양 화림동계곡에는 여덟 정자와 여덟 담이 있어 '팔담팔정'이라 불렸다. 현재 거연정, 군자정, 동호정, 농월정이 남아 있다. 선비문화탐방로는 여름에 계곡 물놀이를 겸해 산책하기에 그만이다(총길이 6km, 2시간 소요).

**주소** 경상남도 함양군 서하면 육십령로 2590(거연정)
**문의** 055-960-5756
**운영** 상시 개방
**요금** 무료

| 1 |
| 2 |

1 드라마 〈미스터 션샤인〉의 촬영지
  일두 정여창 고택
2 선비의 멋과 여유가 흐르는 동호정

사계절 따뜻한 남쪽 나라 산책
# 물건리 화전별곡길

한려해상국립공원 한가운데 자리한 나비 모양의 섬. 우리나라에서 다섯 번째로 큰 섬, 남해도다. 주민들은 사시사철 날씨가 따뜻하다며 은퇴 후 가장 살기 좋은 곳이라 자랑한다. 이곳에 부모님과 함께 걷기 좋은 길이 있다. '남해 바래길' 5코스 종착지인 물건리를 돌아보는 약 5km 길이의 화전별곡길이다.

첫 방문지 원예예술촌은 20여 개 나라의 가옥과 정원으로 꾸며 놓았다. 겨울을 제외하고 언제나 꽃이 만발해 산책하는 내내 부모님 얼굴에 화색이 만연하다. 제대로 효도한다는 생각에 자녀들도 기분이 우쭐해진다. 두 번째 방문지인 남해독일마을은 1960년대 독일에 간호사나 광부로 나갔던 교포들을 기념하기 위해 남해군이 조성한 마을이다. 원래는 나라를 위해 젊음을 바친 그들에게 따뜻한 고향과 같은 쉼터를 제공하기 위해 조성했으나 이곳의 이국적인 풍경이 알려지면서 인기 있는 관광지가 되었다. 이 마을은 볕이 잘 드는 양지바른 언덕에 자리한다. 빨간 지붕과 하얀 벽, 앙증맞은 정원과 테라스 등 어디를 봐도 해외에서나 볼 법한 정경이다.

마을 앞바다에 초록빛이 찬연하게 빛나는 곳은 마지막 방문지인 물건리 방조어부림이다. 방조어부림은 해풍과 파도를 막고 물고기를 유인하는 숲이라는 뜻으로, 300여 년 전에 조성한 조림이다. 남해독일마을에서 걸어서 20분 남짓한 거리에 위치해 있다. 1962년 천연기념물 제150호로 지정해 보호한 덕분에 숲이 그윽하고 바다는 맑고 투명하다.

원예예술촌과 남해독일마을이 사람들의 노력으로 조성된 곳이라면 물건리 방조어부림은 자연이 오랜 세월 동안 정성을 들여 만든 곳이다. 그래서일까. 숲을 거니는 동안 쉼이 더 깊어진다.

## (i) 간단 정보

| | |
|---|---|
| **가는 방법** | **대중교통** 남해시외버스터미널에서 남해독일마을행 버스 승차 후 동천 정류장 하차, 원예예술촌까지 도보로 500m 이동<br>**자동차** 내비게이션에 '원예예술촌(경상남도 남해군 삼동면 예술길 39)' 검색 |
| **코스 동선** | 원예예술촌〜남해독일마을〜물건리 방조어부림〜물건항〜남해독일마을<br>:길이 5km, 2시간 소요<br>**문의** 원예예술촌 055-867-4702<br>남해독일마을 관광안내소 055-867-8897 |

1 생명이 움트고 있는 산책로
2 물건리 화전별곡길은 숲길과 바다가
  만나는 길이다.

물건리 방조어부림 덕분에 물건리는 태풍의 피해가 적다고 한다.

## *더 많은 정보

### 맛집

남해 죽방렴에서 잡은 싱싱한 멸치로 조리한 멸치쌈밥은 남해 별미다. 통멸치에 고춧가루와 마늘, 시래기 등을 넣고 자작하게 끓인 다음 멸치를 건져 쌈에 싸 먹는다. 옛날에는 농사일 후에 새참으로 즐겼다.

**배가네멸치쌈밥**(055-867-7337)은 남해독일마을 근처에 있어 찾기 쉽다.

**쿤스트라운지**(070-4111-4058)는 남해독일마을에서 바다를 바라보며 독일산 맥주를 마실 수 있어 눈과 입이 호강하는 곳이다. 독일 전통 요리인 슈바인 스학세(독일식 족발)에 곁들여 먹으면 좋다.

## *같이 가면 좋은 여행지

### 남해편백자연휴양림

호수, 산, 바다를 모두 즐길 수 있는 숲속 안식처다. 산책로를 따라 걷다가 5~10분만 눈을 감고 있어도 깊은 숙면을 취한 듯 온몸이 개운해지는데 이는 편백나무가 뿜어내는 피톤치드 덕분이다. 산림문화휴양관과 숲속의 집, 잔디마당 등을 갖추었다.

**주소** 경상남도 남해군 삼동면 금암로 658
**문의** 055-867-7881
**운영** 09:00~18:00(화요일 휴무)
**요금** 일반 1,000원, 청소년 600원, 어린이 300원

### 바람흔적미술관

입장료를 받지 않고 자립으로 운영하는 곳이다. 야외 전시장을 유유자적 둘러보거나 실내에서 자유롭게 작품을 관람할 수 있다. 미술관 내에 있는 카페도 이용해볼 만하다. 여기서만 맛볼 수 있는 흡슈크림빵이 이 카페의 별미. 카페 창문 너머로 보이는 풍경은 서정미가 넘친다. 저수지 위로 반영된 산 그림자를 배경으로 바람을 맞아 춤추듯 흔들리는 대형 바람개비들이 이채롭다. 시간 여유가 있다면 바람우체통에서 엽서 한 통(1,000원) 보내보자.

**주소** 경상남도 합천군 가회면 중촌리 216-3
**문의** 010-3542-3034
**운영** 10:00~18:00
**요금** 무료

1 숲속에서 하룻밤을 보내면 심신이 치유되는 듯하다.
2 자유롭게 관람이 가능한 바람흔적미술관

도란도란 이야기하며 걷는 길

누구에게나 열려 있는 깊고 푸른 숲

# 안산자락길

서울 서대문구에 자리한 안산은 북악산, 인왕산, 낙산, 남산의 명성에 가려 잘 알려지지 않은 산이다. 그 덕분에 초록 숲의 진가를 고스란히 간직하고 있다.

안산의 진면목은 봄철에 드러난다. 온 산에 눈꽃이 핀 것처럼 벚꽃이 만개하는데 그야말로 꽃동산을 이룬다. 하지만 이것도 안산의 큰 자랑은 아니다.

안산의 진짜 자랑거리는 안산 산허리를 따라 이어지는 순환형 무장애 숲길이다. 거리가 7km에 달하며 원점으로 회귀하는 순환형이라는 것도 큰 장점이다. 기존에 무장애 숲길을 표방한 여러 길이 있지만 대부분 1km 안팎의 짧은 구간에 그나마 편도라서 이용에 한계가 있었다. 안산자락길은 순환형 코스이기 때문에 서대문독립공원, 서대문구청, 연희숲속쉼터, 한성과학고등학교 등 여러 곳에서 쉽게 접근할 수 있다는 장점도 있다.

서대문구청에서 출발할 경우 뒤편 도로를 따라 50m쯤 오르면 이정표가 나온다. 여기서 숲을 바라보며 걷다 보면 데크 로드로 연결된다. 길은 걷기 수월하지만 숲이 매우 깊다. 여기가 과연 서울이 맞나 싶을 정도로 푸르른 나무 군락이 하늘을 꽉꽉 채운다. 메타세

1 휠체어도 다닐 수 있는 무장애 숲길
2 안산자락길의 매력은 다양한 전망을
  볼 수 있다는 점이다.

쿼이아, 소나무, 잣나무가 연이어 이어진 무성한 숲은 숨 가쁘게 앞만 보고 달려왔던 이들에게 힐링 그 자체다. 이렇게 멋진 산책로를 노약자나 장애인, 유모차를 끌고 온 가족들도 오갈 수 있어 고마울 따름이다.

경사는 가파르지 않고 완만하며 길 폭은 유모차 두 대가 동시에 지나다닐 수 있을 만큼 여유롭다. 탐방로가 데크 로드로 연결되는 경우 지루할 수 있겠지만 나무가 우거져 하늘을 가린 숲길, 탁 트여 있어 전망이 좋은 숲길, 책을 볼 수 있는 북 카페, 쉬어 가기 좋은 정자와 테이블, 메타세쿼이아 군락지, 숲속 무대, 그리고 인왕산·북한산·서대문형무소역사관이 한눈에 보이는 전망대 등이 이어져 걷는 맛이 차지다.

## (i) 간단 정보

| | |
|---|---|
| **가는 방법** | **대중교통** 수도권 지하철 3호선 독립문역 5번 출구 하차, 한성과학고등학교에서 출발<br>**자동차** 내비게이션에 '서대문구청(서울특별시 서대문구 연희로 248)' 검색, 서대문구청에서 출발 |

| | |
|---|---|
| **코스 동선** | 서대문구청⌒무악정⌒연흥약수터 부근⌒시범아파트 철거지⌒한성과학고등학교⌒서대문구청<br>:길이 7km, 2시간 소요<br>**문의** 서대문구청 문화체육과 02-330-1938<br>*tip.* 무장애 숲길이란 장애인, 노약자, 어린이 등 보행 약자는 물론 휠체어, 유모차를 이용하는 사람도 쉽게 이동하며 자연을 즐길 수 있도록 조성한 숲길을 뜻한다. |

## *더 많은 정보

### 맛집

안산자락길 인근에 위치한 홍대 입구와 신촌에 맛집과 카페가 모여 있다. 화교가 운영하는 중식당부터 이탈리아 레스토랑, 해산물이나 바비큐 전문점, 분위기 좋은 카페까지 먹거리의 천국이다.

**연희화로갈비**(02-394-9292)는 숯불 향이 가득한 수제 돼지갈비가 맛있다. 동치미 국물이 일품인 막국수도 인기 메뉴. 식사 후 제공되는 원두커피 또한 특별하다. 이전에 카페를 운영한 주인장이 직접 로스팅한 커피를 내놓는다.

**대포찜닭**(02-325-6633)은 찜닭에 치즈와 통오징어튀김을 곁들여 맛을 배가시켰다. 대학생들이 많이 찾는 곳이어서 가성비가 좋다.

## *같이 가면 좋은 여행지

### 서대문형무소역사관

일제강점기에 경성감옥이었던 곳으로 유관순 열사 등 수많은 독립운동가가 수감됐다. 해방 이후 1987년까지 서울구치소라는 이름으로 민주화 운동 관련 인사들이 수감되기도 했다. 과거의 아픔을 되새기고 극복의 역사를 교훈으로 삼고자 1998년 서대문형무소역사관으로 개관했다.

**주소** 서울특별시 서대문구 통일로 251
**문의** 02-360-8590
**운영** 09:30~18:00(월요일, 1월 1일, 설·추석 당일 휴관, 월요일이 공휴일인 경우 다음 날 휴관)
**요금** 일반 3,000원, 청소년·군인 1,500원, 어린이 1,000원

### 경희궁

조선 후기의 이궁으로 사적 제271호이며, 조선 시대 5대 궁궐 중 하나다. 숭정전, 융복전 등 여러 부속 건물이 있었으나 1829년(순조 29년)에 화재로 손실됐다가 1831년에 중건했다. 덕수궁이나 경복궁에 비해 많이 알려지지 않았으나 인왕산을 병풍처럼 두른 모습이 아름답다.

**주소** 서울특별시 종로구 신문로2가 1-2
**문의** 02-724-0274
**운영** 09:00~18:00(월요일 휴무)
**요금** 무료

1

2

1 역사적 의미가 남다른 서대문형무소 역사관
2 조선의 다른 궁궐에 비해 알려지지 않아 호젓한 경희궁

열병식하듯 이어지는 단풍나무

# 독립기념관 단풍나무 숲길

어느 계절이나 제각각 매력이 있으나 가을은 좀 더 특별하지 않은가. 생명 가진 자연 만물을 보면 더욱 그러하리라. 가녀린 연둣빛 잎이 짙은 초록색으로 변한 뒤 감춰진 색을 드러내는 때가 가을이다. 인고의 핏방울인가. 참지 못할 서러움에 낙엽이 나뒹굴면 문득 계절이 금방 떠날 것 같은 아쉬움에 젖는다. 떠나는 가을을 그대로 보내지 말고 더 늦기 전에 단풍을 찾아 나서볼 일이다.

설악산, 내장산 단풍이 곱다지만 주차장으로 변한 도로를 보고 한숨만 깊어진다면 독립기념관으로 발길을 돌려보자. 독립기념관 외곽 산책로를 따라 붉디붉은 단풍나무가 터널을 이루며 하늘을 떠받들고, 바닥에는 단풍잎이 융단처럼 깔린다.

독립기념관 단풍나무 숲길은 1995년 식목일을 맞아 독립기념관 직원들이 단풍나무를 심으면서 조성됐다. 처음에는 어린아이 손목보다 가늘던 나무가 20년이 지나자 어른 허벅지보다 굵어졌다. 단풍나무 숲길은 독립기념관 뒤편 산책로를 따라 이어진다. 2,000여 그루의 단풍나무가 열병식을 하듯 나란히 서 있다. 그것도 가을에 빨갛게 물드는 신토불이 청단풍이다.

산책길 코스는 겨레의 탑에서 출발해 되돌아오는 순환 코스인

데, 총길이 4km 가운데 3.2km 구간이 단풍나무 숲길이다. 단풍이 절정을 이루는 시기는 10월 말부터 11월 초까지다. 단풍나무 숲길은 유모차가 다닐 수 있을 만큼 평탄하고 경사도 완만하다. 길 초입에 조선총독부철거부재전시공원이 있다. 단풍나무 숲길이 밋밋하게 느껴진다면 독립기념관 뒤편 흑성산(519m)과 흑성산성에 올라도 좋다. 흑성산 등산로 가운데 B코스와 C코스가 단풍나무 숲길과 연결된다. 정상까지는 1시간 정도 소요된다.

## (i) 간단 정보

| | |
|---|---|
| **가는 방법** | **대중교통** 경부선 천안 기차역에서 383, 390, 400번 버스 승차 후 독립기념관주차장 정류장 하차<br>**자동차** 내비게이션에 '독립기념관(충청남도 천안시 동남구 목천읍 삼방로 95)' 검색 |
| **코스 동선** | 겨레의 탑⌒조선총독부철거부재전시공원⌒통일염원의 동산⌒겨레의 탑<br>‡길이 3.2km, 1시간 소요<br>**문의** 독립기념관 041-560-0114<br>　　　천안시청 문화관광과 041-521-5173 |

1 천안 독립기념관으로 옮겨진 조선총독부 건물의
  잔해
2 약 2,000그루의 단풍나무가 터널을 이룬다.
3 단풍나무 숲길은 유모차를 밀고 다녀도 될 만큼
  평탄하다.

단풍나무와 은행나무가 보여주는 색의 조화

## *더 많은 정보

### 맛집

천안은 병천순대와 호두과자로 유명하다.

병천면에 위치한 아우내장터 주변으로 병천순대 거리가 조성돼 있다. 순댓국은 국물이 사골 국물처럼 뽀얗고 깔끔한 맛이 난다. **충남집순대**(041-564-1079)는 푸짐한 건더기와 맛으로 승부한다.

천안은 과거 원나라에서 들여온 호두를 심기 시작하면서 호두의 주산지가 되었다. 여기서 수확한 호두로 맛있는 호두과자를 만들게 되었다. **학화할머니 호두과자**(041-551-3370)가 유명하다.

## *같이 가면 좋은 여행지

### 독립기념관

독립기념관의 모든 전시관이 국내 최대 규모의 전시 시설을 자랑한다. 실내 전시관은 겨레의 뿌리에서 시작하여 외세 침략에도 굴하지 않은 대한민국 국민의 자긍심을 보여준다. 야외에도 거대한 조형물과 산책로, 공원 등 볼거리가 넘쳐난다.

**주소** 충청남도 천안시 동남구 목천읍 삼방로 95
**문의** 041-560-0114
**운영** 하절기(3~10월) 09:30~18:00, 동절기(11~2월) 09:30~17:00(월요일 휴무)
**요금** 무료

1

2

1 평생에 꼭 한 번은 찾아가봐야 할 독
  립기념관
2 병천순대, 유관순 열사, 3·1운동으로
  잘 알려진 아우내장터

### 아우내장터

아우내는 경상도와 한양을 이어주는 길목으로 조선 시대부터 이름난 장터
였다. 돼지 소창에 양배추, 파, 고추, 마늘을 넣은 병천순대로 유명하다. 특히
1919년 유관순 열사가 주민들에게 태극기를 나눠주고 독립 만세를 부른 유
서 깊은 장소다.

**주소** 충청남도 천안시 동남구 병천면 병천리
**문의** 041-521-5158
**운영** 상시 개방
**요금** 무료

웅골찬 역사의 흔적 따라 걷는
# 사비길

백제의 마지막 도읍지 사비는 지금의 부여다. 이곳에 과거 백제의 찬란했던 역사의 흔적이 남아 있는 사비길이 있다. 부여시외버스터미널에서 시작해 유네스코 세계문화유산에 등재된 백제역사유적지구를 돌아본 뒤 되돌아오는 약 10km 구간이다.

유적지는 부여시외버스터미널을 중심으로 모여 있어 동선이 편리하다. 여기에 능산리 고분군과 나성을 포함하면 총 17km 코스가 된다.

매년 7월에는 부여서동연꽃축제가 열린다. 이때를 맞춰 여행한다면 더없는 행운이다. 축제가 열리는 궁남지는 궁궐 남쪽에 자리해 궁남지라 부른다. 우리 역사상 최초의 인공 연못으로 알려져 있다. 본격적인 산책에 앞서 국립부여박물관에 들러 화려했던 백제의 유물을 먼저 만나보자. 여러 유물 가운데 사비 시대를 대표하는 것은 〈금동대향로〉다. 용이 연꽃 봉오리를 물고 있는 모습을 형상화한 이 향로는 백제인의 뛰어난 예술적 재능을 엿볼 수 있는 수작이다. 정림사지는 사비도성 중앙에 위치했던 절터다. 현재 남은 것은 작은 연못과 5층 석탑, 그리고 석불좌상 등이다.

부소산성은 정림사지에서 도보로 10분 거리에 있다. 부소산은

1 우리나라 최초의 인공 연못인 궁남지와 포룡정
2 궁남지의 연꽃은 6월부터 7월까지 만발한다.

해발 96.4m에 불과하지만 주변에 높은 산이 없어 정상에 오르면 부여 읍내가 한눈에 들어온다.

백제 말기 충신인 성충·흥수·계백의 위패를 모신 삼충사와 영일루, 군창지, 반월루를 따라 걷는다. 종착지는 삼천궁녀가 몸을 던졌다는 이야기가 전해지는 낙화암이다. 옛 토성의 형태가 궁금하다면 테뫼식 산성(산 정상부와 가까운 곳에서 수평으로 400~600m 정도 둘러싼 산성) 길을 따라 걸으면 된다.

산성 서문 매표소로 나서면 왼쪽에 구드레조각공원, 오른쪽에 관북리 유적지가 있다. 두 곳을 돌아보고 다시 부여시외버스터미널로 돌아가면 사비길 코스가 완성된다.

(i) 간단 정보

| | |
|---|---|
| **가는 방법** | **대중교통** 부여시외버스터미널에서 도보 15분 |
| | **자동차** 내비게이션에 '궁남지(충청남도 부여군 부여읍 궁남로 52)' 검색 |

| | |
|---|---|
| **코스 동선** | 부여시외버스터미널 ⌒ 궁남지 ⌒ 국립부여박물관 ⌒ 정림사지 ⌒ 부소산성 ⌒ 구드레조각공원 ⌒ 관북리 유적지 ⌒ 부여시외버스터미널 |
| | 길이 10km, 3시간 소요 |
| | **문의** 부소산성 041-830-2880 |
| | 부여군청 문화관광과 041-830-2216~20 |

## ＊더 많은 정보

### 맛집

연잎으로 유명한 부여에는 연잎밥을 전문으로 하는 식당이 여럿 있다.
**인동초**(041-836-0097)는 규모가 크고 궁남지와 가까워 접근성이 좋다.
**돌식당**(041-835-3389)은 문을 연 지 30년이 넘은 식당으로 곱돌 백반 전문
점으로 유명하다. 곱돌은 삼겹살과 각종 야채에 고추장 양념을 넣고 끓이는
전골 요리로 이곳에서만 맛볼 수 있다.
**사또국밥**(041-836-6800)은 소머리 고기로 푹 끓인 해장국이 별미다. 고춧가
루를 넣어 국물이 빨갛지만 맵지 않아서 아이들도 잘 먹는다.

## ＊같이 가면 좋은 여행지

### 백제문화단지

1,400여 년 전 백제의 숨결을 느낄 수 있는 역사·문화 단지다. 조성하는 데
만 17년이 걸렸으며 볼거리와 체험거리가 무궁무진하다. 백제 사비궁의 천
정전과 서궁, 동궁 등을 재현해놓았다. 우리에게 익숙한 조선 궁궐과 다르게
화려한 것이 특징이다.

**주소** 충청남도 부여군 규암면 백제문로 374
**문의** 041-635-7740
**운영** 09:00~18:00(주말은 야간 개장으로 09:00~22:00, 월요일 휴무)
**요금** 일반 6,000원, 청소년 4,500원, 어린이 3,000원

### 백제관

부여 읍내에 있는 전통 가옥으로 번잡한 도시를 떠나 한옥에서의 하룻밤을 체험하기 좋은 곳이다. 안채, 안방, 윗방, 안사랑채 등으로 나뉘어 있으며 곳간 내부를 개조해 공공 샤워 시설을 마련했다. 민칠식 가옥이 있는 중정리는 예부터 여흥 민씨와 용인 이씨가 모여 살았다. 여흥 민씨는 조선 시대에 4명의 왕비를 배출한 뼈대 굵은 가문이다.

**주소** 충청남도 부여군 부여읍 왕중로 87
**문의** 041-832-2722
**운영** 연중 개방(화요일 휴무)
**요금** 50,000~300,000원

1 볼거리, 체험거리가 가득한
　백제문화단지
2 백제관은 특별한 한옥에서의
　하룻밤을 선사한다.

제주의 진짜 모습을 보고 싶다면

# 올레길 1코스

서울에서 비행기로 50여 분간 날아가면 닿는 제주도. 관광지로서 매력이 넘치는 곳으로 여행자가 나날이 늘고 있다. 그만큼 개발도 빠르게 진행돼 제주도 전역에 관광지와 박물관 등이 즐비하다. 그중에서도 때 묻지 않은 제주도의 속살을 체험할 수 있는 걷기 좋은 길이 있다. 제주도를 제주답게 만들어주는 올레길이 그곳이다.

제주 해안선을 따라 걷는 제주 올레길은 현재 총 21코스로 구성되어 있다. 제주는 물론이고 대한민국 전역에 걷기 광풍을 일으킨 올레길, 그 시작은 1코스이다. 한 번도 올레길을 걸어보지 못했다면 제주를 대표하면서 가장 제주다운 1코스에 나서보자.

올레길 1코스는 시흥초등학교에서 광치기해변까지의 구간으로 총 15.1km다. 짧지 않은 코스로, 걷는 동안 제주의 풍경과 감성이 물씬 느껴진다.

코스의 출발지 시흥초등학교를 지나면 가장 먼저 보이는 것이 현무암 돌담이다. 이곳에서부터 밭을 둘러싸고 있는 목가적인 풍경을 마주하게 된다. 이어 제주 올레 안내소를 지나면 본격적인 올레길 걷기가 시작된다. 길은 걷기 수월한 흙길이다. 여유를 만끽하며 걷다 보면 봉긋한 말미오름과 알오름을 지난다. 오름에서 보는 풍경은 국내 여행지 어디에서도 보기 어려운 진귀한 모습이다. 조각 천을 꿰매 거대한 보자기를 만들어놓은 것 같은 푸른 밭과 밭 경계석으로 세워놓은 현무암 돌담, 쪽빛 바다에 우뚝 솟아 있는 성산일출봉과 우도, 어디를 봐도 그림 같은 절경이다. 오름에서 내려오면 시흥리 해안 도로를 거닐게 되는데, 제주의 소박한 일상을 마주할 수 있다. 어느새 성산일출봉이 가까워지고 광치기해변에 다다른다.

(i) **간단 정보**

| | |
|---|---|
| **가는 방법** | **대중교통** 제주국제공항 버스 정류장에서 465-2번 지선버스를 타고 문예회관 버스 정류장 하차 후 201번 간선버스로 환승한다. 시흥리 버스 정류장에서 하차해 도보로 253m 이동 |
| | **자동차** 내비게이션에 '시흥초등학교(제주특별자치도 서귀포시 성산읍 시흥상동로 113)' 검색 |

| | |
|---|---|
| **코스 동선** | **올레길 1코스** |
| | 시흥초등학교⌒말미오름⌒알오름⌒종달리 소금밭⌒시흥리 해안 도로⌒수마포해변⌒광치기해변 |
| | :길이 15.1km, 4~5시간 소요 |
| | **문의** 제주 올레 안내소 064-762-2190 |
| | *tip.* '올레'는 제주 방언으로 '큰길에서 집 앞 대문까지 이어지는 좁은 골목'을 뜻한다. 대한민국에 도보 여행 열풍을 일으킨 제주 올레길은 2007년 1코스가 열린 이후 제주도 해안을 한 바퀴 돌아 21코스까지 완성되었다. |

1 올레길 1코스가 시작되는 시흥초등학교 입구
2 종달리~시흥리 구간의 해안 도로 풍경
3 말미오름으로 가는 길

광치기해변에서 바라본 성산일출봉

## ＊더 많은 정보

### 맛집

제주 올레길 코스 전 구간에 제주 토속 식당이 많다.

올레길 1코스의 대표 맛집 **오조해녀의 집**(064-784-0893)은 해녀가 직접 잡은 해산물을 낸다. 전복죽, 문어 숙회 등 싱싱한 해산물이 인기 메뉴다.

**그리운 바다 성산포**(064-784-2128)는 고등어 활어회로 유명하다. 고등어회는 신선하지 않으면 비린 맛이 강해 육지에서는 활어회로 먹기 힘들므로 제주에서 꼭 맛봐야 하는 별미다.

## ＊같이 가면 좋은 여행지

### 성산일출봉

깎아지른 절벽이 바다와 맞닿아 있는 성산일출봉은 바다에 우뚝 솟아 있는 모습이 독특하다. 이탈리아 로마의 콜로세움 같기도 하고, 웅장한 산성 같기도 하다. 정상에서 바라다보는 제주의 풍경 또한 절경이다. 하산하는 길에 '해녀의 집'에 들러 해녀 공연을 관람하는 것도 잊지 말 것.

**주소** 제주특별자치도 서귀포시 성산리 1
**문의** 064-783-0959
**운영** 07:00~20:00(매표 마감 19:00)
**요금** 일반 2,000원, 청소년·어린이·군인 1,000원

1 웅장한 산성을 닮은 성산일출봉
2 해녀의 삶을 살펴볼 수 있는 제
  주해녀박물관

## 제주해녀박물관

제주 해녀들의 고단한 삶을 한자리에서 확인할 수 있는 곳이다. 1, 2층 전시실에는 해녀의 생활상을 보여주는 사진과 영상, 소품이 있으며 3층 전망대에 오르면 바다가 한눈에 들어온다. 참고로 제주의 해녀 문화는 지역의 독특한 문화 정체성을 인정받아 유네스코 인류무형문화유산으로 등재되었다.

**주소** 제주특별자치도 제주시 구좌읍 해녀박물관길 26
**문의** 064-782-9898
**운영** 09:00~18:00(매표 마감 17:00, 첫째·셋째 월요일, 신정·설날·추석 당일 휴무)
**요금** 일반 1,100원, 청소년 500원

다섯 번째 걷기 여행

# 수도권에서 가까운 숲길과 바닷길

총동구매를 하듯 여행도 충동적으로 떠나고 싶을 때가 있습니다.
너무 멀어 돌아올 일이 걱정이라면 쉽게 떠날 수 없겠지요.
당장 어디론가 떠나고 싶을 때 실행에 옮겨볼 만한 여행지를
몇몇 알고 있다면 그것만으로도 오늘을 버텨낼 힘이 생깁니다.

심신을 치유하는 도심 속 숲길

# 장태산자연휴양림 둘레길

한낮의 볕이 뜨거울 때 훌쩍 떠나고 싶다면? 시원한 숲속 그늘이 정답이다.

대전광역시 서구 장안동에 자리한 장태산자연휴양림은 숲이 깊고 넓으며 높기까지 하다. 게다가 대전 시내에서 가까워 쉽게 다녀올 수 있다. 잠시 일상을 벗어나 피톤치드를 한껏 마시고 짙은 나무 향을 맡다 보면 지친 심신이 회복될 것이다. 한마디로 장태산자연휴양림은 숲의 효능과 매력이 응축된 곳이다.

이곳의 자랑은 키를 가늠할 수 없을 만큼 높게 자란 메타세쿼이아다. 이곳은 우리나라에서 유일하게 메타세쿼이아가 주력 수종인 자연휴양림이다. 메타세쿼이아의 위용은 정문에 들어서자마자 확인할 수 있다. 생태 연못과 메타세쿼이아가 조화로운 데크 로드를 따라가면 자연휴양림의 트레이드마크인 스카이웨이에 닿는다.

스카이웨이는 나무 사이로 이어진 높이 12m, 길이 116m의 하늘길이다. 키 큰 나무들과 함께 어깨를 나란히 하고 숲을 체험할 수 있는 인기 만점 구간이다. 스카이웨이는 높이 올라갈수록 조금씩 더 흔들린다. 특히 종착지 스카이타워에 닿으면 고소공포증이 있는 사람은 주저앉을 만큼 심하게 흔들린다. 그 까닭에 타워 앞에 '고소공포증이 있는 사람은 출입을 자제해달라'는 안내문이 붙어 있다. 하지만 고소공포증이 심하지 않다면 아이부터 어르신까지 누구나 걸어볼 만한 에코 로드다.

스카이타워에서 내려와 오른쪽 나무 계단을 따라 걸으면 전망대로 가는 길이 이어진다. 이곳에서 가장 난코스인 이 구간은 급경사면으로 이루어져 있다. 하지만 구간이 짧아 어렵지 않게 오를 수 있다. 일망무제라 했던가. 전망대에서는 용태울저수지와 물결치듯 흘러가는 산세가 한눈에 들어온다. 전망대 가까운 곳에 우애 있게 서 있는 형제바위도 놓치지 말자. 숲속 산책을 마치고 나면 피톤치드의 강한 살균 효과 덕분에 심신이 되살아난 기분이 든다.

## (i) 간단 정보

**가는 방법**  **대중교통** 호남선 흑석리 기차역에서 22번 버스를 타고 장태산자연휴양림 정류장 하차
**자동차** 내비게이션에 '장태산자연휴양림(대전광역시 서구 장안로 461)' 검색

**코스 동선**  장태산자연휴양림 정문⌒생태 연못⌒스카이웨이⌒메타세쿼이아 삼림욕장⌒임간교실⌒산림문화휴양관⌒전망대⌒형제바위⌒생태 연못⌒장태산자연휴양림 정문
⁑길이 3.2km, 약 2시간 소요
**문의** 장태산자연휴양림 042-270-7883
대전광역시청 관광진흥과 042-270-3971~4

1 녹음이 짙은 연못 산책로 구간
2 키를 가늠할 수 없을 만큼 높게
　자란 메타세쿼이아

키 큰 나무와 함께 나란히 걸을 수 있는 노란색 스카이웨이

## *더 많은 정보

### 맛집

대전에는 전국으로 퍼져나간 도토리묵집의 원조가 있다. 원조 1호인 **강태분
할머니묵집**(042-935-5842)은 50년이 넘은 곳으로 도토리 특유의 야들야들
하면서도 쫄깃한 식감과 국물이 어우러진다.

장태산자연휴양림 인근에 있는 **나들이식당**(042-584-7352)은 몸에 좋은 능
이백숙을 내놓는다. 야외 테이블에서 먹으면 자연과 함께여서 더 맛있다.

## *같이 가면 좋은 여행지

### 대전근현대사전시관

옛 충청남도청사를 현재 대전근현대사전시관으로 운영한다. 영화〈변호인〉
의 법정 장면을 이곳에서 촬영했다. 건물 외벽 타일, 벽체 장식 문양, 중앙 로
비 바닥 타일, 창호 등은 건축 당시(1932년) 최고급 자재를 사용한 것이다. 2층
도지사실에서 바라다보이는 시내 전망은 절대 놓치지 말 것. 전시실에는 대
전 역사를 되짚어볼 수 있는 각종 자료가 있다.

**주소** 대전광역시 중구 중앙로 101
**문의** 042-270-4536
**운영** 10:00~19:00(월요일 휴무)
**요금** 무료

## 한밭수목원

한밭수목원은 대전 정부 청사와 엑스포과학공원의 녹지 축이 연계된 전국 최대의 도심 속 수목원이다. 엑스포시민광장을 중심으로 동원과 서원으로 나뉘며 감각정원, 습지원, 야생화원 등 15개의 테마원으로 조성돼 있다. 건강카페, 숲속 작은 문고와 원두막쉼터 등 편의 시설도 잘 갖추어놓았다.

**주소** 대전광역시 서구 둔산대로 157
**문의** 042-270-8452
**운영** 동원·서원 06:00~21:00,
　　　　열대식물원 09:00~18:00(동원·열대식물원 월요일, 서원 화요일 휴무)
**요금** 무료

1
2

1 대전 구도심 여행의 중심인
　대전근현대사전시관
2 한밭수목원은 우리나라 최
　대의 도심 속 수목원으로 대
　전의 자랑거리다.

덕수궁 돌담 따라 걷는 근대 역사 1번지

# 정동길

서울 정동길은 이국적인 건축물이 곳곳에 자리해 있어 걸으면서 느끼는 흥취가 특별하다. 덕수궁을 시작으로 정동제일교회와 배재학당과 이화학당을 지나 경향신문사까지 1km가 조금 넘는 짧은 길이지만, 조선과 대한제국을 거쳐 대한민국으로 이어지는 격동과 수난의 역사가 켜켜이 쌓인 곳이다. 그래서 거리는 짧아도 결코 짧다 말할 수 없는 길이기도 하다.

정동길의 출발지는 덕수궁이다. 원래 경운궁이라 불렸는데 1907년 고종이 일제에 의해 강제 퇴위된 후 순종이 황제에 올라 '덕을 누리며 장수하라'는 뜻이 담긴 덕수궁으로 궁호를 새로 지은 것이다.

덕수궁 돌담길 건너편 서울특별시청 서소문 별관을 찾아보자. 이곳 13층에 자리한 카페 다락에서는 정동길과 덕수궁이 내려다보인다. 기품이 느껴지는 궁궐과 서양식 건축물인 석조전, 그 뒤로 우람하게 버티고 선 인왕산까지 한눈에 들어온다. 카페 안에는 고종과 커피에 얽힌 이야기, 정동길과 근대사 이야기 등 흥미로운 역사를 반추할 수 있는 사진 자료와 소책자가 마련돼 있다. 이런 것들을 챙겨 본다면 여행이 더욱 풍성해질 것이다. 이어지는 장소는 일제강점기에 경성재판소로 사용된 서울특별시립미술관이다. 이곳에서는 상설 전시와 기획전이 항상 열린다. 주중에는 점심시간에 짬을 내 찾아온 직장인들이 심심찮게 보인다.

정동길에는 유난히 '국내 최초'가 많다. 1885년 미국 선교사 아펜젤러가 세운 근대식 사립 교육기관인 배재학당, 개신교회당인 정동제일교회, 여성 교육기관인 이화학당 등이 그것이다.

배재학당과 이화학당은 현재 박물관으로 운영 중이어서 내부 관람이 가능하다. 정동극장 옆 골목길을 따라가면 1905년 을사늑약이 체결된 중명전에 닿는다. 캐나다 대사관 옆 오르막길 끄트머리에 자리한 옛 러시아 공사관은 을미사변 이후 고종이 당시 세자였던 순종과 함께 1년간 피신한 곳이다. 이곳은 한국전쟁 때 소실되고 현재는 탑만 남아 있다.

## (i) 간단 정보

| | |
|---|---|
| **가는 방법** | **대중교통** 수도권 지하철 1·2호선 시청역 2번 출구에서 도보 1분<br>**자동차** 내비게이션에 '덕수궁(서울특별시 중구 세종대로 99)' 검색 |

| | |
|---|---|
| **코스 동선** | 덕수궁⌒서울특별시청 서소문 별관 카페 다락⌒서울특별시립미술관⌒배재학당역사박물관⌒정동제일교회⌒정동극장⌒중명전⌒옛 신아일보사 별관⌒이화여자고등학교 심슨기념관⌒옛 러시아 공사관⌒경향신문사<br>:길이 1.5km, 20분 소요<br>**문의** 문화유산국민신탁 02-732-7524<br>　　　서울 광화문 관광안내소 02-735-8688 |

1

2

1 이국적인 느낌을 주는 정동길
2 미국 선교사 아펜젤러가 설립
   한 정동제일교회

서울시청 서소문 별관의 카페 다락에서 바라본 덕수궁 풍경

# *더 많은 정보

## 맛집

정동길 인근에 언론사, 서울시청 등이 모여 있어 오래된 맛집이 많다. 가격도 크게 비싸지 않아 부담스럽지 않다.

덕수궁 대한문 옆에 자리한 **림벅와플**(02-318-5202)은 항상 사람들로 북적인다. 24시간 저온 숙성한 반죽으로 정성스럽게 구워내는 와플에서 장인 정신이 느껴진다.

옛 신아일보사 옆에 자리한 **덕수정**(02-755-0180)은 맛집으로 소문났다. 주메뉴는 부대찌개와 생선구이, 오징어볶음이다. 점심시간에는 주변에 근무하는 공무원들과 회사원들로 자리 잡기가 어렵다.

# *같이 가면 좋은 여행지

## 석조전

대한제국 선포 후 고종 황제의 처소와 사무 공간으로 지은 건축물이다. 서구화를 통해 근대화와 부국강병을 꿈꾸었던 대한제국의 의지를 엿볼 수 있는 곳이다. 1층과 2층은 유물 보호를 위해 인터넷 예약을 한 경우에만 입장 가능하다(회당 15명).

> **주소** 서울특별시 중구 세종대로 99(덕수궁)
> **문의** 02-751-0753
> **운영** 전시실 09:00~18:00
> **요금** 무료(덕수궁 입장권 1,000원)
> **홈페이지** www.deoksugung.go.kr(1·2층 전시실 관람은 사전 예약제)

## 경교장

일제강점기에 금광업자였던 친일파 최창학의 별장으로 지었으며 광복 이후 대한민국 임시정부의 마지막 청사로 사용했다. 백범 김구가 서거한 장소로 알려져 있다. 백범 김구 기념실과 대한민국 임시정부 시절 집무실, 각료 회의실 등을 복원해놓았다.

**주소** 서울특별시 종로구 새문안로 29
**문의** 02-735-2038
**운영** 09:00~18:00(월요일, 설날 당일 휴무)
**요금** 무료

1
2

1 대한제국 고종 황제의 염원이 담긴 석조전
2 대한민국 임시정부와 김구의 활동을 전시한 경교장

지치고 외롭다면 다시 일어나!

# 김광석 다시그리기길

가수 김광석의 노래는 많은 사람들의 마음을 위로하고 치유하는 힘이 있다. 함께 아파하고 내 이야기에 귀 기울여줄 것 같은 그의 노래는 외롭고 쓸쓸할 때 듣거나 부르면 위로와 힘을 얻는다.

대구에 가면 김광석이 되살아난 듯 노래하고 동행하는 길이 있다. 수성교 옆 방천시장 골목에 조성된 '김광석 다시그리기길'이다. 보통 줄여서 '김광석길'이라 부르는 이곳은 수성교 벽면을 따라 350m 정도 벽화가 그려진 골목이다. 2008년 이 길이 조성되기까지 숨겨진 스토리가 있다. 김광석은 대구 대봉동에서 태어나 다섯 살 때까지 이곳에 살았는데, 이 동네에 조성된 김광석 다시그리기길이 방천시장 활성화 프로그램인 문전성시 프로젝트와 맞아떨어진 것이다.

수성교가 보이는 비좁은 골목 어귀에서는 노래하는 김광석 조형물이 함박웃음으로 여행자를 반긴다. 그의 출생부터 사망까지, 그리고 첫 앨범부터 마지막 앨범까지 김광석의 일생이 파노라마처럼 골목에 펼쳐진다. 또한 이곳에서 운영하는 골목방송 스튜디오에서 음악을 선곡하고 여행 정보를 제공한다.

김광석길은 짧지만 볼거리, 먹거리, 체험거리가 많다. 볼거리로

1 김광석의 앨범을 옮겨 그린 벽화
2 실물 크기의 김광석 동상
3 김광석의 노래 〈이등병의 편지〉를 모티프로 한
　조형물

는 우선 수준급의 벽화를 꼽을 수 있다. 포장마차에서 우동을 말아 주는 김광석 벽화, 기타 조형물, 추억 어린 공중전화 부스, 노래하는 김광석 조형물 등이 포토존으로 유명하다. 골목에는 카페와 맛집이 즐비하니 먹거리는 더 말할 필요가 없다. 체험거리로는 어린이용 교복과 교련복까지 갖춘 교복 체험이 있다.

김광석길 종착 지점에 있는 '김광석 스토리 하우스'는 김광석의 유품을 구경하고 음악을 들을 수 있는 공간으로 산책을 마무리하기에 좋다. 이 밖에 김광석의 음색을 흉내 내는 버스킹 공연도 챙겨볼 만하다. 무엇보다 음유시인이 들려주는 잔잔한 노래는 이 길을 걸어야 할 이유가 된다.

## (i) 간단 정보

| | |
|---|---|
| **가는 방법** | **대중교통** 대구 지하철 2호선 경대병원역 3번 출구에서 도보 10분 **자동차** 내비게이션에 '김광석 다시그리기길(대구광역시 중구 대봉동)' 검색 |
| **코스 동선** | **대구 중구 골목 투어(김광석 다시그리기길은 5코스의 일부분이다)** 국채보상운동기념공원 ⌒ 삼덕동문화거리 ⌒ 김광석 다시그리기길 및 방천시장 ⌒ 봉산문화거리 ⌒ 대구향교 ⌒ 건들바위 ː길이 5km, 3시간 소요 **문의** 대구광역시청 관광개발과 053-803-3891 |

## *더 많은 정보

### 맛집

방천시장과 김광석 다시그리기길을 따라 다양한 식당과 카페가 즐비하다. **닭한끼**(053-285-2888)는 줄 서서 먹는 맛집이다. 간장대갈비찜닭과 닭매운탕 등 이색 닭 요리를 즐길 수 있다.

감성 카페 **카페인화**(010-7551-0556)는 빈티지한 인테리어가 시선을 끈다. 뉴트로 감성으로 꾸민 인테리어와 소품이 독특해 카페 곳곳에서 셀카를 찍는 사람이 많다.

## *같이 가면 좋은 여행지

### 서문시장

서문시장은 조선 시대 평양장, 강경장과 함께 전국 3대 장터로 영남 지역의 상업 중심지였다. 지금도 청과물, 건어물, 해산물 등 다양한 식품을 판매한다. 대구 유명 먹거리인 누른국숫집 거리가 조성되어 있다. 그 외에도 납작만두, 잎새만두, 가락국수 등을 맛볼 수 있다.

**주소** 대구광역시 중구 큰장로26길 45
**문의** 서문시장상가연합회 053-256-6341
**운영** 상시 개방
**요금** 무료

## 대구앞산공원

대구앞산공원은 대구에서 가장 큰 자연공원으로 케이블카로 정상까지 단번에 갈 수 있다는 것이 장점이다. 전망대에 오르면 대구 시가지가 시원하게 펼쳐져 가슴까지 탁 트인다. 케이블카 타는 곳까지 가는 길도 녹음이 우거져 있어 걷기에 그만이다.

**주소** 대구광역시 남구 앞산순환로 574-116
**문의** 053-803-7420
**운영** 하절기 10:00~19:00(주말·공휴일 10:00~20:00),
　　　　동절기 10:00~18:00(주말·공휴일 10:00~18:30)
**요금** 무료(케이블카 왕복 10,500원)

1 인기 있는 먹거리로 가득한 서문시장
2 대구 시내 전경이 한눈에 보이는 앞산공원전망대

문학과 사색이 흐르는

# 실레마을 이야기길

원래 타고난 재능이 남보다 뛰어난 사람을 천재라 한다. 그들의 공통점은 집중력과 깊이 있는 사색일 것이다. 그들은 집중과 사색을 위해 산책을 즐기지 않았을까? 그렇다면 '사색하기 좋은 길'의 조건은 무엇일까? 조용하고 호젓한 길, 숨차지 않을 정도로 완만한 길, 접근하기 좋은 길, 사색을 자극하는 요소가 있는 길, 즉 동기를 부여할 소재가 있는 길, 편의 시설이 잘 갖춰진 길 정도로 꼽을 수 있을 것이다.

천재 소설가 김유정이 태어난 춘천의 실레마을은 그 조건에 부합해 보인다. 김유정은 비록 짧은 생애를 살다 갔지만 〈봄봄〉〈동백꽃〉 등 주옥같은 소설 30여 편을 남겨 한국 소설계에 괄목할 만한 획을 그은 인물이다. 이 마을을 둘러싸고 있는 금병산 자락엔 춘천 봄내길 1코스인 실레마을 이야기길이 조성돼 있다. 김유정의 소설 배경지를 따라 걷는 구간이다. 한가롭고 조용한 여느 시골 마을처럼 보이지만 소설가의 고향답게 길마다 소설 속 인물과 얽힌 이야기가 전해진다.

본격적인 걷기에 앞서 김유정문학촌에 들러 소설가의 생애와 작품을 살펴보자. 소설가와의 만남으로 사색이 더욱 깊어질 것이다.

1

2

1 실레마을 이야기길은 소설의
한 대목을 읽으며 걸어야 할
듯한 분위기다.
2 주중에는 찾는 이가 뜸해 한
적한 실레마을 이야기길

이곳을 나와 왼쪽 길로 들어서면 실레마을 이야기길이 이어진다. 총 길이는 5.2km, 천천히 걸어도 2시간이면 충분히 돌아볼 수 있다.

길은 아이들도 쉽게 걸을 수 있을 정도로 완만하다. 산길이라기보다는 가벼운 산책로 수준이다. 김유정의 소설을 테마로 길 곳곳에 이야기 팻말이 세워져 있고 숲길이 아기자기해 걷는 재미가 쏠쏠하다. 새순이 돋아난 봄이나 신록이 우거진 여름, 단풍이 곱게 물든 가을부터 낙엽이 융단처럼 깔린 만추까지 언제 찾아도 좋은 길이다.

## (i) 간단 정보

| | |
|---|---|
| **가는 방법** | **대중교통** 경춘선 김유정역 1번 출구에서 도보로 5분<br>**자동차** 내비게이션에 '김유정문학촌(강원도 춘천시 신동면 김유정로 1430-14)' 검색 |
| **코스 동선** | 김유정문학촌⌒실레마을 이야기길⌒산신각⌒저수지⌒금병의숙 터⌒마을 안길⌒김유정문학촌<br>∷길이 5.2km, 2시간 소요(관람 시간 제외)<br>**문의** 김유정문학촌 033-261-4650 |

## *더 많은 정보

### 맛집

춘천 대표 음식 닭갈비가 진일보해서 숯불 닭갈비가 등장했다. 숯불 닭갈비는 닭갈비 본연의 맛에 숯불 향이 더해져 맛있다. **춘천본가숯불닭갈비**(033-255-1998)는 맛이 부드럽고 닭갈비의 식감이 살아 있다.

춘천 시내가 한눈에 내려다보이는 전망대 카페를 찾는다면 **산토리니**(033-242-3010)를 추천한다. 춘천 최초의 이탈리아 레스토랑으로 최고의 전망을 자랑한다.

## *같이 가면 좋은 여행지

### 경춘선 김유정역

폐역이었던 김유정역이 공원으로 조성돼 있다. 북 카페로 변신한 무궁화호 열차와 아기자기한 테마공원까지, 이곳으로 MT를 왔던 7080세대에겐 향수를, 젊은 층에겐 추억을 선사할 것이다. 경강역(폐역)으로 가는 레일 바이크도 여기서 출발한다.

**주소** 강원도 춘천시 신동면 김유정로 1383
**문의** 033-245-1000(강촌레일파크)
**운영** 상시 개방
**요금** 무료

**삼악산**

해발 654m로 등선폭포, 비선폭포, 승학폭포 등 크고 작은 폭포를 품고 있다. 등산객들이 주로 찾는 코스는 의암댐에서 출발해 상원사, 철 계단, 삼악산 정상, 흥국사를 거쳐 등선폭포로 이어지는 구간이다. 산행 목적이 아니라면 등선폭포까지 가볍게 산책하듯 다녀오는 것도 좋다.

**주소** 강원도 춘천시 서면 경춘로 1401-25
**문의** 033-262-2215
**운영** 상시 개방
**요금** 무료

1

2

1 김유정역 앞. 거대한 책 형상
의 설치물이 이색적이다.
2 등선폭포까지 가볍게 다녀오
기 좋은 삼악산

탄성이 절로 터지는 푸른 바다와 하늘

# 정동심곡 바다부채길

가슴이 탁 트이는 시원한 바다와 파란 하늘, 거세게 몰아치는 파도와 뺨에 스치는 바람….

이보다 좋은 삶의 충전제가 또 있을까. 생각이 많을 때 바다에 가면 생각이 정리되고, 삶이 무기력할 때 바다에 가면 활기를 되찾는다. 이것이 바다의 매력이다.

강원도 강릉 심곡해안을 따라 조성된 정동심곡 바다부채길은 한반도 동해의 탄생 비밀을 간직한 해안단구(바다의 침식·퇴적·융기 작용에 따라 형성된 계단식 지형)를 관찰할 수 있는 지역으로 천연기념물 제437호로 지정됐다. 바다부채길이 개통되기 전까지는 해안 경비를 위해 군 경계 근무 정찰 도로로 이용하던 길이다. 그 덕분에 일반인에게 공개되지 않아 천혜의 비경과 자연환경이 잘 보존돼 있다. 정동심곡 바다부채길은 썬크루즈 리조트 주차장에서 심곡항까지 약 2.86km이다.

썬크루즈 리조트 주차장에서 출발하는 정동심곡 바다부채길 초입에는 솔향과 바다 향이 버무려져 기분까지 상쾌하다. 잔가지가 무성한 것으로 보아 사람 손을 타지 않은 자연 그대로의 모습이다. 울창한 나무 사이에 계단이 놓여 있다. 마지막 계단을 내려서면 해안단구가 절벽을 따라 이어진다.

해변에서는 몽돌이 자그락자그락 반갑게 인사를 건넨다. 길은 나무와 바닥이 숭숭 뚫린 철제 데크로 이어진다. 처음엔 무섭다가도 곧 익숙해진다. 바다는 마치 기암괴석 전시장 같다. 금방이라도 바다로 헤엄쳐 갈 것 같은 거북바위, 고려 시대 강감찬 장군이 호랑이를 물리쳤다는 전설이 전해 내려오는 투구바위, 바다를 향해 펼쳐놓은 부채를 닮은 크고 작은 부채바위 등 상상하기에 따라 다양한 이름을 붙일 수 있는 형상의 바위들이 눈길 닿는 곳마다 흩어져 있다.

기암괴석을 뒤로하고 해안으로 불쑥 튀어나온 전망대에 오른다. 이곳에서 수평선을 바라보면 일상을 살아갈 힘이 재충전되는 것 같다. 전망대를 나와 걷다 보면 어느덧 종착지 심곡항에 다다른다.

## (i) 간단 정보

| | |
|---|---|
| **가는 방법** | **대중교통** 영동선 정동진 기차역에서 도보 25분<br>**자동차** 내비게이션에 '썬크루즈 리조트 주차장(강원도 강릉시 강동면 정동진리)' 검색 |
| **코스 동선** | 썬크루즈 리조트 주차장⌒해안단구⌒몽돌해변⌒거북바위⌒투구바위⌒부채바위⌒작은 부채바위⌒전망대⌒심곡항<br>:길이 2.86km(편도 기준), 약 40분 소요<br>**문의** 심곡 매표소 033-641-9445<br>　　　강릉 종합관광안내소 033-640-4414<br><br>*tip.* 산책 시간에 따라 태양의 위치가 변하므로 오전에 탐방할 경우 심곡항에서 출발하고, 오후에는 썬크루즈 리조트 주차장에서 출발하는 것이 좋다. 그래야 해를 등지고 걸을 수 있다. |

1 바다 위를 걷는 듯한 심곡바다전망대
2 바닥이 숭숭 뚫려 있는 철제 데크

해안을 따라 설치된 나무 데크

정동심곡 바다부채길의 명소, 부채바위

## *더 많은 정보

### 맛집

강릉 **테라로사**(033-648-2760)는 2002년 커피를 로스팅해 판매하는 커피 공장으로 시작해 이후 손님이 많아지면서 카페를 열었다. 수준 높은 커피도 일품이지만 천연 발효 빵 또한 이곳의 별미다.

강릉에 왔다면 바닷물을 간수로 두부를 만드는 초당순두부마을도 들러볼 만하다. **소나무집초당순두부**(033-653-4488)는 전통적인 순두부 외에도 짬뽕 순두부, 두부 젤라토 등을 내놓는다.

## *같이 가면 좋은 여행지

### 모래시계공원과 정동진시간박물관

정동진 기차역에서 정동진해변 쪽으로 걸으면 모래시계공원이 나온다. 푸른 바다를 배경으로 서 있는 세계에서 가장 큰 모래시계로 발걸음을 붙잡는다. 이 모래시계는 기네스북에 등재되어 있다. 증기기관차와 180m 길이의 기차로 조성된 정동진시간박물관은 시간을 주제로 한 재미있고 독특한 박물관이다.

**정동진시간박물관**
**주소** 강원도 강릉시 강동면 헌화로 990-1
**문의** 033-645-4540
**운영** 09:00~18:00
**요금** 일반 7,000원, 청소년 5,000원, 어린이 4,000원

### 하슬라아트월드

푸른 동해를 조망하기 좋은 곳에 갤러리, 예술정원, 호텔이 자리해 있다. 해와 밝음을 뜻하는 강릉의 옛 이름 '하슬라'는 신비로운 느낌을 준다. 야외 산책로를 따라 독특한 설치 작품을 감상할 수 있으며 뮤지엄 호텔 전시실도 상상력을 자극하는 작품으로 가득하다.

**주소** 강원도 강릉시 강동면 율곡로 1441
**문의** 033-644-9411
**운영** 하슬라미술관 09:00~18:00, 레스토랑 09:00~17:30
**요금** 공원＋미술관＋갤러리 성인·청소년 12,000원, 어린이 11,000원

1

2

1 시간의 의미를 되새겨보는 정동진시간박물관
2 독특한 예술 작품이 가득한 하슬라아트월드

**역사의 뒤안길을 걸으며**

# 공산성 산책길

    삼국 시대 영토 확장에 한창 열을 올리던 고구려는 백제의 수도 한성을 공격했다. 고구려의 공격에 속수무책이던 백제는 급기야 공주로 천도하기에 이른다. 공주의 옛 이름은 웅진이며 475년부터 538년까지 64년간 백제의 두 번째 도읍지였다. 그 노른자위에 공산성이 있다. 이곳은 고구려가 쉽게 넘보지 못하도록 금강을 사이에 두고 토성으로 지었다. 지금의 석성은 조선 시대에 축조한 것으로 석성 밑에 백제 시대에 쌓은 토성이 있다. 백제는 공주에서 부흥의 기틀을 다졌다. 지치고 힘들 때 쉬어 가는 것은 국가도 매한가지인가 보다.

    산성은 아담하면서 맵시가 있다. 공산성의 서문인 금서루가 그렇다. 성곽을 따라 숲이 우거지고 유려한 성곽이 곡선미를 더한다. 금서루에서 오른쪽으로 방향을 잡고 걸으면 인절미의 유래가 전해지는 쌍수정이 보인다. 그 아래가 왕궁지로 추정되는 곳이다. 지금은 빈터로 남아 있다. 진남루 역시 옛 왕궁의 것으로 추정되는 주춧돌이 남아 있다. 만하루는 누각과 석축의 조화가 정교하다. 발아래 금강의 물줄기까지 한눈에 조망된다. 이어 공북루를 지나 공산정으로 내려서면 산성을 한 바퀴 돈 셈이다.

1 금강을 조망할 수 있는 만하루
2 무령왕릉이 발굴된 송산리 고분군
3 숙박 시설과 체험거리까지 잘 갖춰진
  공주한옥마을

공산성에서 1km가량 떨어진 곳에 백제 왕릉 7기가 모여 있는 송산리 고분군이 있다. 1~5호분은 돌을 쌓아 올려 만든 석실분이고, 6호분과 무령왕릉은 벽돌을 쌓아 만든 전축분이다. 이 중에서 주인이 밝혀진 것은 무령왕릉뿐이지만 이 왕릉에서 출토된 유물이 무려 4,600여 점에 달한다.

장지산 자락을 따라 걷다 보면 국립공주박물관이 모습을 드러낸다. 무령왕릉에서 발굴된 유물을 비롯해 많은 백제 유물을 전시하고 있다. 박물관을 나서면 공주한옥마을과 연결된다. 이곳에서 숙박이 가능하니 한옥에서 하룻밤을 보내며 추억을 쌓아도 좋다.

## (i) 간단 정보

| | |
|---|---|
| **가는 방법** | **대중교통** 공주종합버스터미널에서 100, 101번 버스 승차 후 공산성 정류장 하차<br>**자동차** 내비게이션에 '공산성(충청남도 공주시 웅진로 280)' 검색 |
| **코스 동선** | 공산성⌒산성시장⌒황새바위 성지⌒무령왕릉⌒국립공주박물관⌒공주한옥마을<br>⁝길이 6.2km, 2시간 30분 소요<br>**문의** 공산성 관광안내소 041-856-7700 |

전망이 탁월한 공산성의 공산정

## *더 많은 정보

### 맛집

제민천을 따라 맛집이 늘어서 있다. 제민천은 봉황동, 중학동, 반죽동, 금성동 4개 동을 가로지르며 흐르는 생태 하천이다.

**맛깔**(041-858-7003)은 직조 공장이 수제 두부 요릿집으로 바뀐 곳이다. 두부전골, 두부해물파전, 두부두루치기 등 메뉴가 다양하다.

30년 넘게 영업하고 있는 **중앙분식**(041-856-1497)도 사람들이 많이 찾는다. 가성비 좋은 즉석 떡볶이와 쫄면, 어묵으로 유명하다. 공주사대부고 앞을 오랫동안 지키고 있어 추억의 맛을 잊지 못하는 졸업생들이 계속 찾아 온다고 한다.

## *같이 가면 좋은 여행지

### 충청남도역사박물관

고려 말부터 조선 시대와 일제강점기, 근현대에 이르기까지 공주의 역사와 문화를 알 수 있는 곳이다. 2006년에 개관하여 국가지정문화재와 도지정문화재 등 3만 7,000여 점의 유물을 소장하고 있다. 특히 충청남도의 근현대사를 재조명하는 상설 전시장이 볼만하다.

**주소** 충청남도 공주시 대추골1길 18-13
**문의** 041-856-8608
**운영** 10:00~18:00(월요일 휴무)
**요금** 무료

### 제민천문화거리

제민천은 급속한 도시 발달로 인해 오염된 적도 있었지만 2003년부터 환경
정화 사업과 지방 골목길 재생 프로젝트를 통해 시민들의 휴식 공간으로 거
듭났다. 제민천교 등 17개의 작은 다리가 연결되어 산책하기 좋다. 길을 따라
분위기 있는 카페가 들어서 있어 주말에는 데이트하는 연인들을 쉽게 볼 수
있다. 중동교 주변에는 학창 시절을 떠올리게 하는 벽화와 다양한 문화 공간
이 있다.

**주소** 충청남도 공주시 당간지주길 21
**문의** 041-840-2266
**운영** 상시 개방
**요금** 무료

1 공주의 역사와 문화를 한눈에 살펴
　볼 수 있는 충청남도역사박물관
2 연인들의 데이트 코스로 급부상한
　제민천문화거리

맨발로 자연을 오롯이 느끼는
# 계족산 황톳길

인간의 기억력에는 법칙이 있다. 보는 것보다 체험하는 게 기억에 오래 남는다. 더불어서 오감으로 체험한다면 훨씬 더 오랫동안 기억에 남을 것이다. 여행을 통해 활기를 재충전하는 것도 그렇다. 맨발로 촉감을 느끼며 걷는 여행은 한 주간 살아갈 힘을 얻기에 가장 좋은 충전제이자 활력 보충제가 될 것이다.

수도권에서 2시간 거리에 위치한 대전에 계족산 황톳길이 있다. 이 길은 맨발로 황토를 밟으며 걷고 피톤치드까지 마실 수 있는 에코 로드로 인기가 높다. 총길이 14km에 이르는 전체 구간을 완주하지 않아도 괜찮다. 걷기 시작한 지 얼마 지나지 않아 눈과 머리가 맑아지고 온몸에 기운이 샘솟는 것을 느낄 테니까.

계족산 황톳길이 조성된 건 어느 한 사람의 우연한 체험 덕분이다. 2006년 봄 어느 날, 맥키스(구 선양) 조웅래 회장이 지인들과 계족산을 찾았다. 그때 하이힐을 신고 온 일행이 있어 운동화를 벗어주고 자신은 맨발로 걸었다. 그날 밤 조 회장은 꿀맛처럼 달고 맛있는 깊은 잠을 잤다고 한다. 이후 맨발의 감촉을 잊을 수 없어 14km 임도 구간에 질 좋은 황토를 가져와 깔았다. 이렇게 만들어진 계족산 황톳길은 국내 최초 '숲속 맨발 걷기 캠페인'을 시작해 '에코 힐

1 맨발 걷기를 형상화한 조형물
2 해마다 14.5km의 황톳길을 걷는
  계족산맨발축제가 열린다.
3 황톳길을 맨발로 걷는 체험객들

링'이란 신조어를 만들어냈다. 지금도 해마다 계족산맨발축제를 개최한다.

코스는 장동휴양림 관리사무소를 시작으로 다목적 광장, 숲속음악회장, 에코 힐링 포토존을 거쳐 계족산성을 끝으로 되돌아오는 길이다. 산길이라고 하지만 비교적 완만해 남녀노소 누구나 쉽게 걸을 수 있다. 황톳길을 걷고 나서 발을 씻을 수 있도록 시설이 갖춰져 있으니 발 닦을 수건만 준비하면 된다. 참고로 비 온 다음 날에는 횡톳길이 미끄러울 수 있으니 주의해야 한다.

## ⓘ 간단 정보

---

| **가는 방법** | **대중교통** 대전복합터미널에서 2번 급행버스를 타고 와동현대아파트 정류장 하차, 74번 외곽버스로 환승, 장동지구산림욕장 정류장 하차, 374m 도보 이동 |
| | **자동차** 내비게이션에 '장동삼림욕장(대전광역시 대덕구 장동 59)' 검색 |

---

| **코스 동선** | 장동휴양림 관리사무소⌒다목적 광장⌒숲속음악회장⌒에코 힐링 포토존⌒임도 삼거리⌒계족산성 |
| | ⁞길이 7.7km(편도 기준), 약 1시간 40분 |
| | **문의** 장동삼림욕장 042-623-9909 |

## *더 많은 정보

### 맛집

계족산 인근에 있는 **매봉식당**(042-625-3345)은 한자리에서 20년 이상 영업을 해온 토박이 식당이다. 특히 특제 양념으로 만든 토종닭볶음탕이 인기다. 그 외에도 입맛 당기는 메뉴가 많다.

대청호 근처에 있는 **초가랑**(042-273-4843)은 다양한 장아찌로 반찬을 만든다. 숙주와 해물이 들어간 해물아삭전도 독특하다. 정갈하고 깔끔한 시골 밥상을 원한다면 추천한다.

## *같이 가면 좋은 여행지

### 으능정이 문화의 거리

대전 중구 은행동은 낮보다 밤에 찾아야 더 즐기기 좋은 곳이다. 쇼핑과 문화·예술 충전소인 으능정이 문화의 거리는 야간에 화려한 네온사인을 밝혀 늦은 밤까지 찾는 이들이 많다. 2013년 개장한 스카이 로드는 국내 최대 규모의 아케이드형 LED 영상 시설이다. 매일 밤 천장에서 환상적인 영상 쇼가 펼쳐진다.

**주소** 대전광역시 중앙로 170
**문의** 042-252-7100
**운영** 상시 개방
**요금** 무료

### 대전오월드

대전오월드는 대전동물원과 플라워랜드, 버드랜드를 통합한 복합 테마파크다. 중부권 이남 최대 규모를 자랑하며 가족 나들이나 연인들의 데이트 코스로 제격이다. 테마가 다양한 만큼 사계절 즐길 거리가 많은 것도 장점이다. 대전오월드만의 특색이 있는 '빅 5 이벤트'가 특히 눈길을 끈다. 봄에는 마법학교를 운영하고, 여름에는 물놀이장, 가을엔 핼러윈 축제와 뮤직 페스티벌을 개최한다. 겨울엔 눈썰매장을 개장한다.

**주소** 대전광역시 중구 사정공원로 70
**문의** 042-580-4820
**운영** 10:30~18:00(입장 마감 17:00),
　　　　5~10월 토요일 10:30~22:00(입장 마감 21:00)
**요금** 일반 12,000원, 청소년 7,000원, 어린이·경로 5,000원(하절기 주간 기준)

1

2

1 으능정이 문화의 거리에서 펼쳐지는 버스킹 공연
2 복합 테마파크인 대전오월드

# 지루한 일상에서 잠깐 벗어나는 길

비좁은 우리에 다람쥐 한 마리가 살고 있습니다.
녀석은 에너지가 넘쳐 쳇바퀴를 쉴 새 없이 돌립니다.
어느 날 우리 문이 열렸습니다.
급발진하는 자동차처럼 녀석은 우리를 박차고 뛰쳐나갔습니다.
혹시 당신은 녀석처럼 쳇바퀴 굴리듯 살고 있나요?
그렇다면 잠깐 일상에서 벗어날 시간이 필요합니다.

비단결 같이 유유히 흐르는
# 금강 둘레길

굽이쳐 흐르는 물길이 비단결 같다 하여 금강(錦江)이라 부르듯 영동 금강에는 여유로움이 묻어난다.

양산팔경은 충청북도 영동군 양산면 금강 상류에 있는 8개소의 경승지를 말한다. 강변을 따라 조성된 금강 둘레길에는 양산팔경 중 제1경 영국사와 제7경 자풍서당을 제외한 6경이 자리해 있다. 금강 둘레길은 양산팔경 중 제2경 강선대에서 시작한다. 전설에 따르면 강선대는 천상에서 내려온 선녀들이 목욕을 즐기던 곳이라고 한다. 정자를 에워싼 은빛 금강의 물결을 보고 있자면 전설이 사실처럼 느껴진다. 잔잔한 물결을 자장가 삼아 물속에 제8경 용암이 잠들어 있다. 용암은 선녀가 목욕하는 것을 훔쳐보던 용이 승천하지 못하고 강 속에서 바위가 됐다고 전해지는 곳이다.

강선대를 뒤로하고 다음 장소로 향한다. 계단과 오르막이 이어지는데 길은 잘 다져진 흙길로 완만하다. 제5경 함벽정은 선비들이 풍류를 즐기던 곳이다. 여기서 이어지는 길은 그늘 숲길. 가파른 계단 40여 개를 올라 봉양정이라는 정자에 선다. 봉화산(해발 388.2m) 언덕에 자리해 발아래 펼쳐지는 풍광이 꽤나 수려하다. 탁 트인 전망대에 서면 제3경 비봉산(해발 481.1m)이 손에 잡힐 듯 가깝게 보인다.

여러 곳에 전망대가 있어 이동하면서 조금씩 다른 비봉산의 풍광을 감상할 수 있다. 특히 봉양정에서 바라보는 낙조가 아름답다. 봉황이 살았다는 봉황대는 하늘을 향해 비상하려는 듯한 모습의 바위가 솟아 있다. 옛날에 누각이 있었지만 소실되고 지금은 2012년에 새로 지은 봉황정에서 금강을 내려다볼 수 있다.

수두교를 지나 왼쪽으로 방향을 잡으면 종착지인 송호국민관광지가 나온다. 여기에 제6경 여의정이 있다. 울창한 송림 사이에 자리한 정자라 운치가 색다르다. 그 앞에는 강선대에서 봤던 용암이 있는데 건너편에서 보니 또 다르다.

## (i) 간단 정보

**가는 방법**　**대중교통** 영동시외버스터미널으로 영동역 정류장에서 612번 버스를 타고 영동역 정류장 하차, 121번 버스로 환승해 봉곡리 정류장 하차
**자동차** 내비게이션에 '강선대(충청북도 영동군 양산면 봉곡리)' 검색

**코스 동선**　강선대⌒함벽정⌒봉황대⌒한천정⌒수두교⌒송호국민관광지⌒여의정
¦길이 7.2km(편도 기준), 3시간 소요
**문의** 영동 관광안내소 043-745-7741
　　　영동군청 문화관광과 043-740-3201

야자 카펫이 깔린 걷기 좋은 길

1 수변 공원으로 이어진 금강 둘레길
2 양산팔경 중 제8경 용암
3 양산팔경 중 제2경 강선대

## *더 많은 정보

### 맛집

금산군 제원면 저곡리 부근에 인삼어죽마을이 있다. 이곳은 금강을 끼고 있어 충청남도식 어죽을 파는 식당들이 모여 있다.

**선희식당**(043-745-9450)이 유명하며 어죽, 튀김, 도리뱅뱅이 인기 메뉴다. 민물고기를 푹 삶아 수제비를 넣어 만든 어죽에 인삼을 넣어 생선 비린내를 잡았다.

**선미식당**(043-743-6236)은 TV 예능과 맛집 프로그램에 나올 만큼 짬뽕 맛이 일품이다. 36년 넘게 운영해온 곳으로 수타 짬뽕 면의 내공을 보여준다.

## *같이 가면 좋은 여행지

### 옥계폭포

옥계폭포는 난계 박연이 피리를 연주한 곳이라 하여 '박연폭포'라 부르기도 한다. 20여m 높이에서 수직 낙하하는 폭포를 앞에 두고 가냘픈 피리를 연주하는 박연의 모습을 상상하니 한 폭의 그림이 아닐 수 없다.

**주소** 충청북도 영동군 심천면 고당리 산75-1
**문의** 043-740-3225
**운영** 상시 개방
**요금** 무료

1 시원한 물줄기가 인상적인
옥계폭포
2 난계국악체험관의 수준 높
은 국악 공연

### 난계국악박물관

난계 박연이 남긴 국악의 발자취는 영동에서 빼놓을 수 없다. 난계사를 중심
으로 난계국악박물관, 난계국악기제작촌, 난계국악기체험 전수관이 자리해
있다. 특히 난계국악기체험전수관에서는 아쟁을 비롯해 거문고 등 평소 접
하기 어려운 국악기를 직접 만져보고 체험할 수 있다.

**주소** 충청북도 영동군 심천면 국악로 9
**문의** 043-742-8843
**운영** 09:00~18:00 (월요일·연휴 당일 휴무)
**요금** 일반 2,000원, 청소년·어린이·군인 1,500원

대나무 숲길 사이로 펼쳐지는 겨울의 향연

# 오방길

담양은 물과 볕이 풍부한 곳으로 자연 풍광이 빼어나다. 사람은 자연을 닮는다고 했다. 그래서일까, 담양은 인심도 넉넉하다. 가족, 연인, 친구 등 누구와 함께 찾더라도 만족할 만한 곳이다. 대나무로 유명한 담양은 여름 여행지로 알려져 있다. 이런 편견을 버리고 겨울에 찾아보면 어떨까? 대숲과 가로수 위로 소담스럽게 눈이 내려앉은 거리는 겨울 왕국 그 자체다. 담양에 눈이 온다는 기상예보가 있다면 만사를 제치고 떠나볼 일이다.

걷기 좋은 눈길은 담양 오방길 1코스 수목길이다. 이 길은 8.1km의 긴 코스와 3.3km의 짧은 코스로 나뉘는데 짧은 코스가 걷기에 더 좋다. 관방제림부터 메타프로방스까지 산책로가 이어진다. 관방제림은 관방천을 따라 2km에 이르는 둑길로 푸조나무, 느티나무, 팽나무 등 보호수로 지정된 177그루의 노거수가 푸근한 할아버지처럼 맞아준다. 조선 인조 대인 1648년에 수해를 막기 위해 제방을 축조하고 철종 대인 1854년에 이 나무들을 심은 것이다. 오늘날 천연기념물 제366호로 지정되어 보호받고 있다. 수종은 대부분 활엽수이며 품이 큰 나무는 키가 5m가 넘는다. 곧게 자라는 대나무가 강직함의 상징이라면 사방으로 팔을 휘저으며 제멋대로 자란 느티

메타세쿼이아 가로수 길에서 바라본 하늘

영화 〈설국열차〉의 한 장면 같은 단양의 겨울 풍경

나무는 자유로움을 상징하는 듯 보인다. 관방제림 끝자락에 닿으면 신세계가 펼쳐진다. 이국적인 메타세쿼이아 길이다. 키를 가늠하기 어려울 정도로 높게 자란 나무들이 열병식을 하듯 늘어서 나무 터널을 이룬다.

이곳은 자동차는 물론 자전거도 접근할 수 없는 보행자 전용 길이다 보니 호젓하게 걷기 좋다. 오방길의 마지막 구간은 패션 및 디자인 공방, 체험관 등이 자리한 메타프로방스다. 이국적인 건축물들이 들어서 있고 다양한 문화 체험이 가능한 곳으로 핫 플레이스로 자리매김했다. 담양의 겨울은 뽀드득뽀드득 눈길을 걸으며 '찰칵' 인생 사진을 남기기에도 좋다.

(i) 간단 정보

| 가는 방법 | **대중교통** 담양공용버스터미널에서 도보 20분 |
|---|---|
| | **자동차** 내비게이션에 '관방제림(전라남도 담양군 담양읍 객사7길 37)' 검색 |

| 코스 동선 | 관방제림 ⌒ 담양 메타세쿼이아 길(유료 입장) ⌒ 메타프로방스 |
|---|---|
| | :길이 3.3km, 1시간 소요 |
| | **문의** 관방제림 061-380-2812 |
| | 담양 메타세쿼이아 길 061-380-3149 |

담양 읍내 도로를 따라 이어진 메타세쿼이아 가로수 길

## *더 많은 정보

### 맛집

깔끔한 상차림의 대통밥을 먹고 싶다면 **옥빈관**(061-382-2584)을 추천한다.
대통술을 곁들이면 더 맛있다.

현지인들이 맛과 가격을 인정한 **153식육식당**(061-382-2288)은 한우 떡갈비
가 주메뉴다.

주문과 동시에 푸짐한 양의 돼지갈비를 내놓는 **승일식당**(061-382-9011) 역
시 입소문 난 맛집이다. 향긋한 참숯 향이 가득한 돼지갈비가 예술이다.


## *같이 가면 좋은 여행지

### 대나무골테마공원

사진기자 출신인 고 신복진이 20여 년 동안 가꾼 대밭이다. 죽녹원이 관 주
도형으로 만들어졌다면 대나무골테마공원은 개인의 노력과 땀으로 이뤄진
곳이다. 환경이나 시설은 죽녹원에 비해 떨어지지만 자연미가 살아 있고 송
림욕을 겸할 수 있다는 것이 매력이다.

**주소** 전라남도 담양군 금성면 비내동길 148
**문의** 061-383-9291
**운영** 09:00~18:00
**요금** 일반 2,000원, 청소년 1,500원, 어린이 1,000원

### 담양호국민관광지

여름에 찾기 좋은 곳으로 아직 외지인에게 소문나지 않았다. 유모차나 휠체어가 다닐 수 있을 정도로 길이 좋으며 나무가 울창해 천연 그늘막을 만들어준다. 담양호 수변을 따라 나무 데크를 설치해 걷기에도 그만이다. 담양호국민광관지(추월산 주차장) 맞은편에서 출발한다.

**주소** 전라남도 담양군 용면 월계리 149-67
**문의** 061-380-3154
**운영** 상시 개방
**요금** 무료

1
2

1 자연미가 돋보이는 대나무
골테마공원
2 수변을 따라 이어진 데크
로드가 인상적인 담양호국
민관광지

# 지심도 산책길

　　입춘이 지나면 뺨에 스치는 바람결이 달라진다. 겨울을 보내고 봄을 준비하는 이때, 봄을 좇아 섬 여행을 떠나보면 어떨까. 거제 지심도는 섬 전체에 동백나무가 무성하다. 섬에 자생하는 나무의 70%가 동백나무다. 그래서 동백섬이라는 별명이 붙었다.

　　경상남도 거제 장승포항에서 배를 타고 15분이면 지심도에 닿는다. 선착장에 내리면 가파른 시멘트 포장길을 올라야 한다. 처음부터 예상치 못한 오르막길에 당황할 수도 있다. 하지만 몇 걸음 가지 않아 동백꽃이 만들어놓은 꽃 터널로 이어진다. 레드 카펫의 여주인공인들 이렇게 아름다운 꽃길을 걸어봤을까. 가족 뒷바라지에 자신의 모습을 잃어버린 엄마들에게는 격려의 꽃길이며, 온갖 스트레스에 찌든 아빠들에게는 칭찬의 꽃길이고, 사랑에 눈먼 연인들에게는 행복의 꽃길이다.

　　만인만색 동백꽃 터널을 지나면 옛 지심분교 앞에 이른다. 도심의 여느 학교와 달리 교사와 운동장이 한눈에 들어올 만큼 규모가 작다. 조붓한 오솔길을 따라 오르다 넓은 풀밭에 이르면 헬기장이 보인다. 이어서 해군시험통제소와 일제강점기 당시 일본군이 사용하던 포진지, 벙커로 지은 탄약고가 나온다. 태평양전쟁 때 일본군

1 꽃송이가 그대로 떨어져 더욱 애잔한 동백꽃
2 동백나무가 우거진 걷기 좋은 길
3 일제강점기에 일본군이 사용한 포진지

이 미군 전투기의 폭격에 맞서 싸운 흔적들이다.

여기서 10여 분 더 걸으면 해안 절벽이 기다린다. 표지판에 '그대 발길 돌리는 곳'이라고 적혀 있다. 지심도 끝부분에 다다른 것이다. 반대편 역시 해안선 전망대를 지나 망루 끝 지점에 이르면 똑같은 표지판이 세워져 있다. 양쪽 모두를 돌아봤다면 지심도의 큰 그림은 모두 본 셈이다. 한 시간 남짓한 지심도 여행은 봄을 만날 수 있는 귀한 시간이다. "툭툭툭" 둔탁한 소리를 내며 꽃송이째 떨어지는 동백꽃이 있는 한 어떤 길을 선택해도 괜찮다.

(i) 간단 정보

**가는 방법**　　**대중교통** 장승포항에 있는 동백섬 지심도 터미널에서 배편 이용
　　　　　　　**자동차** 내비게이션에 '동백섬 지심도 터미널(경상남도 거제시 장승포
　　　　　　　로 56-22)' 검색

**코스 동선**　　선착장⌒동백하우스⌒해안 절벽⌒옛 지심분교 운동장⌒포진
　　　　　　　지⌒탄약고⌒활주로⌒해안선 전망대⌒망루⌒그대 발길 돌리
　　　　　　　는 곳
　　　　　　　:길이 4km, 1시간 10분 소요
　　　　　　　**문의** 동백섬 지심도 터미널 055-681-6007
　　　　　　　　　　거제 관광안내소 055-639-4178

겨울과 봄을 잇는 동백꽃

'그대 발길 돌리는 곳'에 설치된 전망대

## ＊더 많은 정보

### 맛집

거제도는 멍게 비빔밥이 별미다. **백만석 식당**(055-638-3300)은 멍게를 다져 양념한 뒤 직사각형 모양의 멍게 덩어리로 만들어 저온 숙성시킨다. 이것을 따뜻한 밥에 참기름, 깨, 김 등과 함께 넣고 비벼 먹는다.

**해미촌**(055-681-3115)은 거제 장승포에 있는 해물 철판 전골 전문점이다. 문어, 키조개, 가리비, 백합, 굴, 전복 등 거제도 바다를 옮겨놓은 듯 풍성한 해물에 입이 다물어지지 않는다.

## ＊같이 가면 좋은 여행지

### 바람의 언덕

드라마와 영화 촬영 장소로 알려지면서 일반인들이 많이 찾는다. 이름 그대로 바람이 부는 언덕을 보는 것만으로 낭만적이다. 탁 트인 바다와 풍차가 어우러진 풍경은 영화 속 한 장면을 연상시킨다. 이국적 분위기 덕에 연인들의 단골 데이트 코스다. 풍차 맞은편에 있는 빽빽한 동백 숲도 놓쳐서는 안 될 명물이다.

**주소** 경상남도 거제시 남부면 갈곶리 산14-47
**문의** 055-639-3196
**운영** 상시 개방
**요금** 무료

## 신선대

신선대 앞에 서면 은빛 바다 위에 점점이 떠 있는 병대도와 해금강이 눈에 들어온다. 옅은 먹물로 화선지에 은은하게 그림을 그려놓은 듯 농담의 경계가 모호하다. 화려한 색채가 아닌 무채색의 바다 풍경이 눈을 편안하게 한다. 봄에는 신신대 언덕에 노란 유채꽃이 장관을 이룬다.

**주소** 경상남도 거제시 남부면 갈곶리 산21-23
**문의** 055-639-3196
**운영** 상시 개방
**요금** 무료

1

2

1 바람의 언덕은 거제도의 대표
적인 사진 촬영 스폿이다.
2 3~4월이면 유채꽃이 만발하는
신선대

세계 5대 연안 습지, 그 품속으로

# 순천만 자연생태길

시인 신경림의 표현처럼 현대인들은 갈대처럼 속으로 조용히 울지 않을까? 흔들리며 우는 듯한 갈대의 모습이 내 마음에 작은 위안이 된다면…. 이런 바람을 안고 순천만습지를 찾는 이들이 있으리라. 순천만습지는 가을에 찾아야 제격이다. 황금색으로 물든 갈대밭과 창공을 나는 철새의 군무, 그리고 순천만을 불태우듯 붉게 타오르는 일몰을 모두 볼 수 있기 때문이다.

2015년 대한민국 경관 대상을 받은 순천만습지의 하이라이트는 갈대밭 산책로와 용산전망대에서 보는 일몰이다. 두 지점의 왕복 거리는 약 5km다. 구간을 걷는 동안 만끽할 수 있는 재미는 여럿이나 갈대꽃의 향연을 즐기는 것이 으뜸이고, 용산전망대까지 이어진 산길을 걷는 재미가 버금일 것이다.

순천만습지 매표소를 지나면 천문대와 순천만자연생태관이 이어지고 잔디광장, 생태연못, 자연의 소리 체험관을 거쳐 무진교에 이른다. 이후에 국내 최대 규모의 광활한 갈대숲이 모습을 드러낸다. 드넓게 펼쳐진 갈대밭 사이로 걷기 편한 길이 이어져 있다. 순천만 낙조를 관람할 수 있는 용산전망대까지 거리는 1.5km 안팎이다. 순천만 갈대는 유난히 키가 크다. 성인 남자 키를 훌쩍 넘는다. 조용히 귀 기울이면 '사각사각' 하는 갈대의 노랫소리도 들을 수 있다. 자연의 소리에 발맞춰 유유자적 걷다 보면 어느새 마음에 치유라는 먹물이 점점 번지고 있음을 느낄 것이다. 갈대는 빛이 역광일 때 가장 아름답다. 그래서 오전보다 오후가 산책하기에 좋다. 일몰 시간을 고려한다면 넉넉하게 일몰 2시간 전에 입장을 마치고 용산전망대로 향하는 게 좋다.

출렁다리를 지나 용산전망대로 가는 길은 빠른 길과 느린 길로 나뉜다. 약간의 난이도 차이가 있을 뿐 두 길 모두 흙과 솔 내음을 맡으며 걸을 수 있는 친환경 길이다. 보조 전망대 두 곳과 출렁다리 두 곳을 지나 용산전망대에 이른다. 뉘엿뉘엿 해가 지는 광경까지 챙겨 본다면 잊지 못할 산책으로 기억될 것이다.

## (i) 간단 정보

| | |
|---|---|
| **가는 방법** | **대중교통** 순천종합버스터미널에서 66, 67번 일반버스 승차 후 순천만 정류장에서 하차해 133m 도보 이동<br>**자동차** 내비게이션에 '순천만습지(전라남도 순천시 순천만길 513-25)' 검색 |
| **코스 동선** | 잔디광장⌒람사르길⌒흑두루미 소망 터널⌒자연의 소리 체험관⌒무진교⌒갈대숲 산책로⌒출렁다리⌒용산전망대<br>⋮길이 2.5km, 1시간 소요<br>**문의** 순천만생태공원 061-749-6052<br>　　　순천역 관광안내소 061-749-3107 |

1 외로이 갯벌을 지키는 왜가리
2 용산전망대로 향하는 길목
3 용산전망대에서 바라본 순천만의 일몰

광활한 갈대밭과 용산

## ＊더 많은 정보

### 맛집

짱뚱어와 꼬막은 맛과 건강을 챙길 수 있는 순천 대표 먹거리다.

**대대선창집**(061-741-3157)은 순천 토박이 주인장이 운영하는 곳이다. 주메뉴인 짱뚱어탕은 국물 맛이 구수하고 진하다.

순천만생태공원 앞에 있는 **일품**(061-742-5799)에서 꼬막 정식을 주문해보자. 살이 통통하게 오른 꼬막찜과 전, 무침 등 다양한 꼬막 요리를 맛볼 수 있다.

## ＊같이 가면 좋은 여행지

### 낙안읍성

낙안읍성은 조선 시대 생활양식을 그대로 보여주는 한옥이 모여 있는 민속 마을이다. 평지에 지은 읍성으로 충청남도 서산의 해미읍성과 함께 보존 상태가 우수하다. 현재 유네스코 세계문화유산 잠정 목록에 등재되어 있다. 조선 시대로 돌아간 듯 고즈넉함과 여유가 곳곳에서 묻어난다.

**주소** 전라남도 순천시 낙안면 충민길 30
**문의** 061-749-8831
**운영** 2~4월·10월 09:00~18:00, 5~9월 08:30~18:30,
　　　 11~1월 09:00~17:30
**요금** 일반 3,000원, 청소년·군인 2,000원, 어린이 1,500원

## 순천드라마촬영장

1950~1960년대 작은 읍내와 1960~1970년대 번화가를 만날 수 곳이다. 배우 송중기 주연 영화 〈늑대소년〉과 배우 수애 주연 영화 〈님은 먼 곳에〉를 촬영했다. 드라마 〈에덴의 동쪽〉〈사랑과 야망〉도 이곳에서 촬영했다. '순천읍', '서울 달동네', '서울 변두리' 세트로 나뉘어 있다.

**주소** 전라남도 순천시 비례골길 24
**문의** 061-749-4003
**운영** 09:00~18:00 (입장 마감 17:00)
**요금** 일반 3,000원, 청소년 2,000원, 어린이 1,000원

1 보존 상태가 훌륭한 낙안
  읍성
2 독특한 볼거리와 체험거리
  가 있는 순천드라마촬영장

지루한 일상에서 잠깐 벗어나는 길

작은 눈물의 왕국

# 청령포에서 장릉까지

예로부터 강원도 영월은 첩첩산중 깊은 오지였다. 그것이 현재 여행자에게는 천혜의 자연경관을 선사한다. 우리가 여기서 옷깃을 여미게 되는 것은 이곳이 조선 시대 최연소 왕이었던 단종이 짧은 생을 마감한 비운의 땅이어서다. 단종은 청령포에서 유배 생활을 했고 주검은 장릉에 묻혔다.

걷기의 시작 지점인 청령포는 동·남·북 삼면이 서강에 에워싸이고 서쪽은 절벽 지형이다. 그러니 청령포에 들어가려면 배를 타야 한다. 청령포에는 단종이 기거한 어소가 복원돼 있다. 어소를 등지고 발길을 돌리면 산림청이 선정한 '아름다운 천년의 숲'에 들어서게 된다. 숲에서 가장 키 큰 소나무는 수령 600여 년의 관음송(觀音松)이다. 단종의 유배 생활을 보고(觀 볼 관) 오열하는 소리(音 소리 음)를 들은 나무라 해 그리 부른다.

단종이 자주 찾던 '노산대'라 불리는 육륙봉에는 망향탑이 있다. 아래로는 서강이, 멀리는 영월이 그림처럼 한눈에 보인다. 멀지 않은 곳에 왕방연 시조비가 있다.

청령포에서 배를 타고 나와 장릉으로 발걸음을 옮긴다. 자전거 대여소 옆 강변 길을 따라가면 영월강변저류지수변공원이다. 공원

산책로를 2km 정도 걷다가 보행자 터널을 통과해 영월가정교회 앞을 지난다. 300m 정도 더 가면 장릉이다. 규모가 조선 왕릉 가운데 가장 작고 능의 석물 또한 단출하다. 장릉은 2009년 다른 조선 왕릉들과 함께 유네스코 세계문화유산에 등재됐다.

장릉 매표소 출입구 왼쪽에 물무리골생태공원이 있다. 곧게 뻗은 전나무 군락지와 자작나무 숲 등 걷기 좋은 길이 이어진다. 발걸음 닿는 곳마다 빼어난 절경이 이어지지만 비탄에 찬 단종의 눈물도 함께 흘러가는 것 같다. 그 흔적을 따라 걷다 보면 외롭고 우울했던 나의 고민은 한낱 작은 것에 지나지 않음을 깨닫게 된다.

(i) **간단 정보**

| | |
|---|---|
| **가는 방법** | **대중교통** 영월시외버스터미널에서 1번 버스 승차 후 청령포 정류장 하차, 500m 도보 이동<br>**자동차** 내비게이션에 '청령포(강원도 영월군 남면 광천리 산67-1)' 검색 |
| **코스 동선** | 청령포 매표소⌒왕방연 시조비⌒자전거 대여소 옆 강변 길⌒영월강변저류지수변공원⌒보행 터널⌒영월가정교회⌒장릉 삼거리⌒영월 장릉 종합관광안내소(물무리골생태공원)<br>:길이 4km, 2시간 소요<br>**문의** 영월 장릉 종합관광안내소 033-374-4215 |

1 솔숲 한가운데 서 있는 관음송
2 다른 조선 왕릉에 비해 규모가
　작은 장릉

## ＊더 많은 정보

### 맛집

장릉 인근에 위치한 **장릉보리밥집**(033-374-3986)은 구수한 보리밥과 직접
만든 손두부로 유명하다. 청령포에 왔다면 으레 들를 만큼 소문난 맛집이다.
영월읍에 있는 생선구이 맛집 **청학동**(033-375-8889)은 생선구이 돌솥밥과
된장찌개가 주메뉴다. 생선구이 돌솥밥을 시키면 푸짐한 반찬과 함께 잘 구
워진 생선이 나온다.


## ＊같이 가면 좋은 여행지

### 한반도지형전망대

전망대 주차장에서 15분 정도 산길을 걸어가면 나오는 전망대로, 이곳에 서
면 누구나 할 것 없이 입이 딱 벌어진다. 아래로 내려다보이는 모습이 한반
도 지형을 꼭 빼닮았기 때문이다. 서강이 선암마을 삼면을 휘감아 돌아가고
북쪽에 있는 공장 굴뚝에서 솟아나는 연기는 중국 동북 지역의 공업단지를
연상시켜 더욱 그럴싸해 보인다.

**주소** 강원도 영월군 한반도면 선암길 66-9
**문의** 1577-0545
**운영** 상시 개방
**요금** 무료

## 선돌

청령포에서 자동차로 7분 정도 이동하면 방절리 서강 변 절벽에 특별한 돌기둥이 있다. 선돌이라 불리는 이것은 마치 큰 칼로 절벽을 쪼갠 듯 아찔하게 서 있다. 높이는 자그마치 70m. 서강과 굽이치는 산맥이 어우러진 모습이 한 폭의 그림과 같으며 '신선암'이라고도 부른다.

**주소** 강원도 영월군 영월읍 방절리 산122
**문의** 033-374-4215
**운영** 상시 개방
**요금** 무료

1

2

1 한반도 지형을 빼닮은
  이색적인 풍경
2 칼로 벤 듯한 선돌

제주의 숨은 산책로 속으로

# 한담해안산책로

제주도 서북쪽에 자리한 애월읍. 애월(涯月)은 '해안 낭떠러지에 뜬 달' 정도로 풀이된다. 그만큼 애월읍에는 해안 절벽이 발달해 있다. 그런데 애월의 낭떠러지는 아찔하다기보다 조물주의 아기자기한 솜씨를 보여준다.

애월 해안 도로는 제주국제공항과 가까운 서북쪽에 자리해 여행 마지막 날 짬을 내 드라이브하기 좋다. 특히 해안 도로 아래 조성된 한담해안산책로는 시커먼 현무암과 쪽빛 바다가 연출하는 환상적인 풍광이 이어져 길을 따라 걸으며 느끼는 정취가 남다르다. 최근에는 이 산책로를 '장한철 산책로'라 부르기도 한다. 장한철은 조선 영조 때 애월에서 출생한 문신으로 태풍을 만나 표류했던 기록을 남긴 〈표해록〉의 저자다.

한담해안산책로는 한담해수욕장에서 곽지해수욕장까지 1.5km 남짓한 거리다. 5~6년 전까지만 하더라도 '제주시 숨은 비경 31'(출처 : 제주시가 2009년 발표한 자료)에 이름을 올릴 정도로 찾는 이가 드문 곳이었다. 그런데 몇 해 전 방영된 드라마에 산책로 초입에 위치한 카페 봄날이 등장한 이후 인터넷을 통해 조금씩 알려지더니 현재는 찾아오는 여행자가 부쩍 늘어났다.

한담해수욕장에서 해안 쪽으로 내려가면 산책로가 시작된다. 현무암 보도블록이 깔려 있어 제주만의 고유한 멋이 느껴지며, 해안의 유려한 곡선미가 산책로에 그대로 이어져 걷는 재미를 더한다. 산책로 전 구간을 걸어도 20분 안팎이면 충분해 왕복해도 체력적으로 부담스럽지 않다.

장한철 기념비 앞에는 작은 해변이 있다. 동글동글한 현무암과 새하얀 모래, 에메랄드빛으로 반짝이는 바다와 솜사탕처럼 달콤할 것 같은 흰 구름 등 제주다운 모습을 보고만 있어도 걱정거리가 사라지고 마음에 평안이 깃드는 기분이다. 그 바람에 넋을 잃고 자리를 뜨지 못하는 이가 한둘이 아니다.

### (i) 간단 정보

| | |
|---|---|
| **가는 방법** | **대중교통** 제주국제공항에서 102번 급행버스 승차 후 애월 환승 정류장 하차<br>**자동차** 내비게이션에 '한담해안산책로(제주도 제주시 애월읍)' 검색 |
| **코스 동선** | 한담해수욕장⌒장한철 기념비⌒곽지해수욕장<br>ː길이 1.5km, 20분 소요<br>**문의** 애월읍사무소 064-728-8811 |

1 검은 현무암과 에메랄드빛
  바다가 조화로운 길
2 드라마 배경이 된 카페 봄날

## ✳ 더 많은 정보

### 맛집

한담해안산책로 초입에 분위기 있는 카페가 모여 있다. 제주 바다를 배경으로 커다란 커피 잔에 담긴 커피를 즐길 수 있는 카페 **봄날**(064-799-4999)은 이곳에 가장 먼저 생긴 카페다. 입구에 있는 큼지막한 커피 잔 장식이 인상적이다. 카페 앞에는 제주 서쪽 바다가 펼쳐지고 아기자기한 뜰이 있다. 날씨가 좋으면 열린 공간에서 제주 바다를 감상하며 커피를 즐길 수 있다.

갤러리를 방불케 하는 카페 **몽상 드 애월**(064-799-8900)도 찾는 이가 많다. 스타일리시하고 과감한 조형물과 인테리어가 시선을 사로잡는다.

## ✳ 같이 가면 좋은 여행지

### 수월봉 고산기상대

제주도 서쪽 해안에 자리한 수월봉은 천연기념물 제513호로 화산학의 교과서로 알려져 있다. 아주 오래전 마그마와 지하수가 만나 폭발하면서 생긴 화산재가 쌓여 형성된 응회암 지역으로 전 세계 지질학자들의 관심을 한 몸에 받고 있다.

**주소** 제주특별자치도 제주시 한경면 고산리 3674-7
**문의** 064-740-6001
**운영** 상시 개방
**요금** 무료

### 환상숲곶자왈공원

제주도 곶자왈은 세계에서 유례가 없는 곳으로, 신비로운 용암 위에 이루어진 숲이다. 오랜 시간이 지나면서 바위틈에 식물이 뿌리를 내리고 곤충과 동물이 모여들어 태고의 신비가 숨 쉬는 듯하다. 환상숲곶자왈공원은 곶자왈의 아름다운 모습을 가까이에서 체험할 수 있는 곳이다. 숲 해설 프로그램에 참여하면 곶지왈 숲에 대해 자세한 설명을 들을 수 있다.

**주소** 제주특별자치도 제주시 한경면 녹차분재로 594-1
**문의** 064-772-2488
**운영** 09:00~18:00(일요일 13:00 전까지 휴무)
**요금** 일반 5,000원, 어린이·청소년 4,000원, 제주도민 3,000원

1 기이한 형상의 수월봉
2 태고의 신비를 간직한
  환상숲곶자왈공원

## 잠깐 다녀오겠습니다

2019년 9월 27일 초판 1쇄 발행
2019년 12월 6일 초판 2쇄 발행

글·사진 | 임운석
발행인 | 윤호권
책임편집 | 강경선
마케팅 | 임슬기, 정재영, 박혜연

발행처 | (주)시공사
출판등록 | 1989년 5월 10일(제3-248호)

주소 | 서울시 서초구 사임당로 82(우편번호 06641)
전화 | 편집 (02)2046-2863·영업 (02)2046-2878
팩스 | 편집·영업 (02)585-1755
홈페이지 | www.sigongsa.com

ⓒ 임운석 2019

ISBN 978-89-527-3866-0 13980

이 도서의 국립중앙도서관 출판예정도서목록(CIP)은 서지정보유통지원시스템 홈페이지(http://seoji.nl.go.kr)와
국가자료종합목록 구축시스템(http://kolis-net.nl.go.kr)에서 이용하실 수 있습니다. (CIP제어번호 : CIP2019035174)